AF534284

LÜBECKER
MASCHINENBAU-GESELLSCHAFT
LÜBECK

Verlag Podszun-Motorbücher GmbH
Elisabethstraße 23-25, D-59929 Brilon
Herstellung: LUC Medienhaus, Greven
Internet: www.podszun-verlag.de
Email: info@podszun-verlag.de
ISBN 978-3-86133-989-2

Carsten Bengs

Aus Lübeck in alle Welt

Krane, Radlader & Schiffe

Über dieses Buch

Die Idee zu einem weiteren Buch über Orenstein & Koppel entstand auf der Bauma 2019 in einem Gespräch mit Ulf Böge. Warum ich nach der O&K-Chronik von 2001 mit einem Folgewerk so lange gewartet habe – ehrlich gesagt, ich habe nicht die leiseste Ahnung. Denn das Thema Orenstein & Koppel fasziniert mich noch immer und gerade die Radlader oder Autokrane sowie natürlich die gewaltigen Schaufelradbagger und Absetzer wurden noch nicht detailliert und chronologisch aufgearbeitet. Die Recherche in den alten Unterlagen, Fotos und Referenzlisten begeistert mich immer wieder.

Und genau diese Freude soll das Buch transportieren, denn die Recherchen und Arbeiten fanden in einer Zeit statt, die in jeder Hinsicht besonders war. Die Begleitumstände waren nicht einfach, weil Recherchen in Archiven und persönliche Gespräche nicht ohne weiteres möglich waren. Aber zumindest digitale Möglichkeiten halfen bei der Realisierung des Buches.

Im Laufe der Recherchen zeigte sich auch, dass die Fülle des vorhandenen Materials insgesamt stetig wuchs. Durch zahlreiche Unterstützung waren viele wunderschöne Fotos gerade der Großgeräte vorhanden. Daher entstand dann auch im September 2020 die Idee, das Buch in zwei Bänden zu realisieren. Die Tagebaugeräte aus Lübeck werden daher im zweiten Band gebührend ihrer Größe ausgiebig und mit vielen schönen Fotos behandelt.

Danksagung

Die Realisierung eines solchen Buches ist natürlich nie ohne die Unterstützung vieler Menschen möglich. Andreas Meier von der VOSTA LMG in Lübeck half maßgeblich bei der detaillierten Aufarbeitung der Unternehmensgeschichte. Andreas Meier hat 1973 im Lübecker Werk begonnen und stellte zahlreiche Informationen und tolle Bilder bereit. Henning Dreyer von der TTS NMF unterstützte ebenfalls maßgeblich beim Kapitel über Bord- und Schiffskrane. Henning Dreyer hat 1989 im Lübecker Werk begonnen und half mit zahlreichen und ebenfalls tollen LMG-Bildern sowie aktuellen Bildern der Nachfolgekrane von TTS. Mein Dankeschön gilt Ulf Böge für seine Unterstützung und auch den Besuch des heutigen LMG-Geländes für aktuelle Fotos. Dirk Bömer, Stefan Heintzsch und Richard Blokker halfen mit Prospekten, Informationen und Bildern. Ein ganz besonderes Dankeschön gilt natürlich meiner Frau Manuela, die mich während der Recherchen entweder nur am Computer vorfand oder umgeben von zahlreichen Fotos und alten LMG-Dokumentationen. Dem gesamten Podszun-Verlagsteam gilt Dank für die Umsetzung der Texte, Bilder und des Layouts.Und nun wünsche ich viel Freude mit dieser Fortsetzung der Orenstein & Koppel-Chronik über die Lübecker Radlader, Autokrane und Schiffe.

Carsten Bengs

Bochum, am 6. Februar 2021

Inhalt

Das Werk Lübeck

Kapitel 1

Die Geschichte der Lübecker Maschinenbau Gesellschaft oder LMG begann bereits lange vor der Zeit, als das Unternehmen zu Orenstein & Koppel gehörte und damit kann die LMG sogar als eine der ältesten Baggerfabriken in Deutschland gelten.

Und die Geschichte beider Baumaschinenhersteller zählt sicher mit zu den spannenden Unternehmensentwicklungen in Deutschland. Der bekannte Name O&K und die weltbekannte rote Farbe sind heute leider fast von der Bildfläche verschwunden, auch wenn noch oft die Rede von O&K-Baggern ist.

Kollmann & Schetelig OHG – Vorläufer der LMG

Die Geschichte der LMG begann lange bevor die eigentliche LMG gegründet wurde; über das Vorläuferunternehmen Kollmann & Schetelig OHG dürfte heute aber nur noch wenig bekannt sein. Das Unternehmen war in Lübeck auch die erste Maschinenfabrik mit Eisengießerei.

Die Industrialisierung in der Freien und Hansestadt Lübeck begann bereits um 1830 und 1840. Der Kaufmann Ludwig Bernhard Nölting erhielt um 1833 die Konzession zur Errichtung einer Eisengießerei. Am 4. Oktober 1837 erhielt auch Carl Martin Ludwig Schetelig die Genehmigung zum Betrieb einer Maschinen- und mechanischen Instrumentenfabrik. Weitere Kaufleute gründen in der Zeit Fabriken für Nahrungsmittelkonserven sowie Eisen-, Blech- und Steinkohlenhandlungen. In diese Zeit der aufkommenden Gründungen von Firmen der Maschinentechniken fiel dann auch die Eröffnung des Vorläufers des Werkes Lübeck der Lübecker Maschinenbau Gesellschaft und O&K Orenstein & Koppel AG.

Bereits im August 1845 erteilte der Rat der Stadt Georg Heinrich Kollmann und dem Mechanicus Carl Martin Ludwig Schetelig – wie es seinerzeit hieß – die Konzession zur Anlegung einer Maschinenfabrik mit Eisengießerei auf dem zuvor gekauften Gehöft.

Außerhalb der Stadttore erfolgte 1846 auf der Roddenkoppel die Gründung der Offenen Handelsgesellschaft Kollmann & Schetelig. Der Firmengründer Carl Martin Ludwig Schetelig lebte von 1808 bis 1881.

In den „Lübecker Anzeigen" gaben die Firmengründer am 1. Juli 1846 bekannt, dass sie eine Maschinenfabrik und Eisengießerei gegründet haben. Firmensitz war zunächst die Braunstraße 127 (spätere Königstraße).

Die Ausgabe an diesem Mittwoch berichtete wörtlich:

„Die Unterzeichneten zeigen hierdurch an, daß sie am heutigen Tage unter der Firma von Kollmann & Schetelig ihre Maschinenfabrik und Eisengießerey eröffnet haben, und empfehlen sich zur Ausführung aller dahin einschlägigen Aufträge.

Briefe, Aufträge und sonstige das Geschäft betreffende Bestellungen ersuchen wir in unserem Geschäftslokale, Braunstr. 27 niederzulegen, woselbst unser Herr Kollmann täglich vormittags bis 12 Uhr und nachmittags von 4 bis 6 anzutreffen sein wird. (Schreibweisen im Original, Anmerkung des Verfassers)"

Die Gesellschaft beschäftigte sich mit dem Bau von Dampfkesseln, Reparaturen und Lieferungen für den Schwimmbaggerpark der Stadt Lübeck sowie der Herstellung von Gießereierzeugnissen. Die Fabrikanlage bestand zunächst aus einem Maschinenhaus, einer Gießhütte mit Trockenöfen und Schmelzöfen sowie einer Schmiede im Geländedreieck der nach der Roddenkoppel genannten Straße, der Carlstraße und dem unteren Struckbach.

War der Warenaustausch um diese Zeit noch kontrolliert und durch Zölle eingeschränkt, bemühte sich das junge Unternehmen um 1848 bereits um den Kauf eines benachbarten Gehöftes neben der unteren Struckmühle zur Erweiterung des Firmengeländes. Um das frühe Gelände herum war zu diesem Zeitpunkt zumeist noch viel freies Wiesenland.

Im Mai 1848 erfolgte die Lieferung von Maschinenteilen für einen Handbagger zur Korrektur der Trave. Nur ein Jahr später wurden Teile für zwei weitere Handbagger geliefert. Kollmann & Schetelig lieferten um die gleiche Zeit für einen Dampfbagger mit 10 PS Leistung eine neue Eimerkette. Ebenfalls bestätigt ist 1849 die Lieferung einer vollständigen Eimerkette für einen 24 PS starken Schwimmbagger mit Dampfbetrieb.

Ein vierseitiges Lieferverzeichnis aus dem Jahre 1849 listet folgende Schwerpunkte:

- Lieferungen für Schiffszubehör wie Schiffswinden, Pumpen, Spille und Klüsen
- Bedarf für Werkstattausrüstungen und Werkzeuge
- Landwirtschaftliche Geräte
- Ausrüstungen für Öl- und Getreidemühlen
- Bedarf für Hausbau wie Fenster, Gitter, Öfen, Ofenrohre

Diese Aufnahme um 1800 zeigt das frühe LMG-Gelände in Lübeck. In der Bildmitte ist das Barockschlösschen Bellevue zu erkennen. Es befindet sich in der Einsiedelstraße 10 und beherbergt heute ein Hotel.
(Foto: VOSTA LMG)

Das Gemälde um 1880 zeigt die Hafenansicht des Lübecker Hafens mit dem LMG-Gelände rechts. Gut zu erkennen ist dort auch die neuerbaute Kesselschmiede.
(Foto: VOSTA LMG)

Die Handzeichnung aus dem Jahre 1871 zeigt die einzig bekannte Aufnahme des frühen Werksgeländes von Kollmann & Schetelig. Zu erkennen ist die Fachwerkhalle und dahinter die mechanische Werkstätte.
(Foto: VOSTA LMG)

Carl Martin Ludwig Schetelig lebte von 1808 bis 1881. Diese Aufnahme zeigt ihn mit seiner Frau Cecilia Chaterina Henriette Harding.

(Foto: VOSTA LMG)

1864 holten die beiden Besitzer mit Heinrich Georg Hermann Chelius zum 1. Januar einen weiteren Teilhaber in das Unternehmen. Von 1866 bis 1868 machte zudem Hermann Blohm eine Lehre bei Kollmann & Schetelig. Blohm war später Mitbegründer der Hamburger Schiffswerft Blohm & Voß. Er führte von 1876 bis 1877 auch Verhandlungen mit Kollmann & Schetelig über die Errichtung einer Schiffswerft auf deren Gelände; diese blieben aber erfolglos.

1871 begann Carl Bernhardt – der spätere LMG-Konstruktionsdirektor – seine Tätigkeit bei Kollmann & Schetelig. Er sollte dort 34 Jahre lang den Erfolg mitprägen.

Im April 1873 findet sich dann im Handelsregister der Eintrag, dass sich die Kollmann & Schetelig OHG in Liquidation befindet und an ein Bankenkonsortium verkauft wurde. Als Liquidator wurde Georg Heinrich Kollmann bestellt. Kollmann verstarb im November 1874.

Zur gleichen Zeit wurde am 10. April 1873 nach drei Jahren Bauzeit die Eisenbahnlinie Lübeck–Eutin eröffnet. Diese führte durch das Fabrikgrundstück der Gesellschaft. Carl Martin Ludwig Schetelig zog sich ins Privatleben zurück und verstarb 1881.

Die Lübecker Maschinenbau Gesellschaft entsteht

Im Jahre 1873 wurde am 12. April die Lübecker Maschinenbau Gesellschaft im Handelsregister eingetragen; die Geschäfte der vormaligen Kollmann & Schetelig wurden auf verbreiterter Kapitalbasis übernommen.

Zweck der Gesellschaft war die Fortführung und Erweiterung des bisher unter Kollmann & Schetelig bestandenen Betriebes zur Fertigung von Maschinengussstücken und Maschinenteilen sowie der Betrieb aller mit diesen Fabrikationszweigen zusammenhängenden Geschäfte. De Kaufpreis des vorhandenen Werkes betrug 140.000 Taler; dies entsprach einem Wert von ungefähr 420.000 Reichsmark, nach heutigem Stand wären dies rund 1,5 Millionen Euro.

Bei der Übernahme bestand die Belegschaft aus einem Ingenieur, vier Werkmeistern, 72 Facharbeitern und 22 Lehrlingen oder Hilfskräften. Der erste Vorstand bestand unter anderem aus dem früheren Kollmann & Schetelig-Teilhaber Heinrich Georg Hermann Chelius sowie dem Ingenieur Theodor Hespe.

Hespe schied als Vorstand 1882 aus, ihm folgte der Ingenieur Wilhelm Vollhering (1982 bis 1900). Unter der Leitung von Carl Bernhardt und Wilhelm Vollhering sollte die LMG ihre Erfolgsgeschichte starten.

Das spätere und prägnante Logo der Lübecker Maschinenbau Gesellschaft bestand lange Zeit aus einem stilisierten Schaufelrad mit den Initialen LMG und dürfte vermutlich seit den 1920er- oder 1930er-Jahren verwendet worden sein.

Diese frühe Aufnahme zeigt die Werkshallen der LMG um 1875. Die frühen Maschinen wurden über einfache Riemen und Wellen angetrieben.

(Foto: VOSTA LMG)

Eine gute Auslastung der Fabrik entstand ab 1875 mit dem einsetzenden Eisenbahnbau; LMG lieferte hier zahlreiche Stahlbauteile, vor allem zum Bau von Brücken. Gebaut wurden zum Beispiel Eisenbahnbrücken für die Strecke Hamburg–Lübeck, die Marschenbahn in Haistein und die Eutiner Bahn. Eisenbahnreparaturen wurden zwar anfänglich auch bei LMG durchgeführt, aber wegen ihrer mangelnden Rentabilität bald eingestellt.

Gemächlich dürfte es zu dieser Zeit zugegangen sein. Schienen und Wagen dominierten natürlich den innerbetrieblichen Werksverkehr. *(Foto: VOSTA LMG)*

Schwere Lasten wurden bei der LMG dann in den Anfangsjahren über diesen Schienenkran abgewickelt. Über den Hersteller des Kranes war leider nichts mehr herauszufinden. *(Foto: VOSTA LMG)*

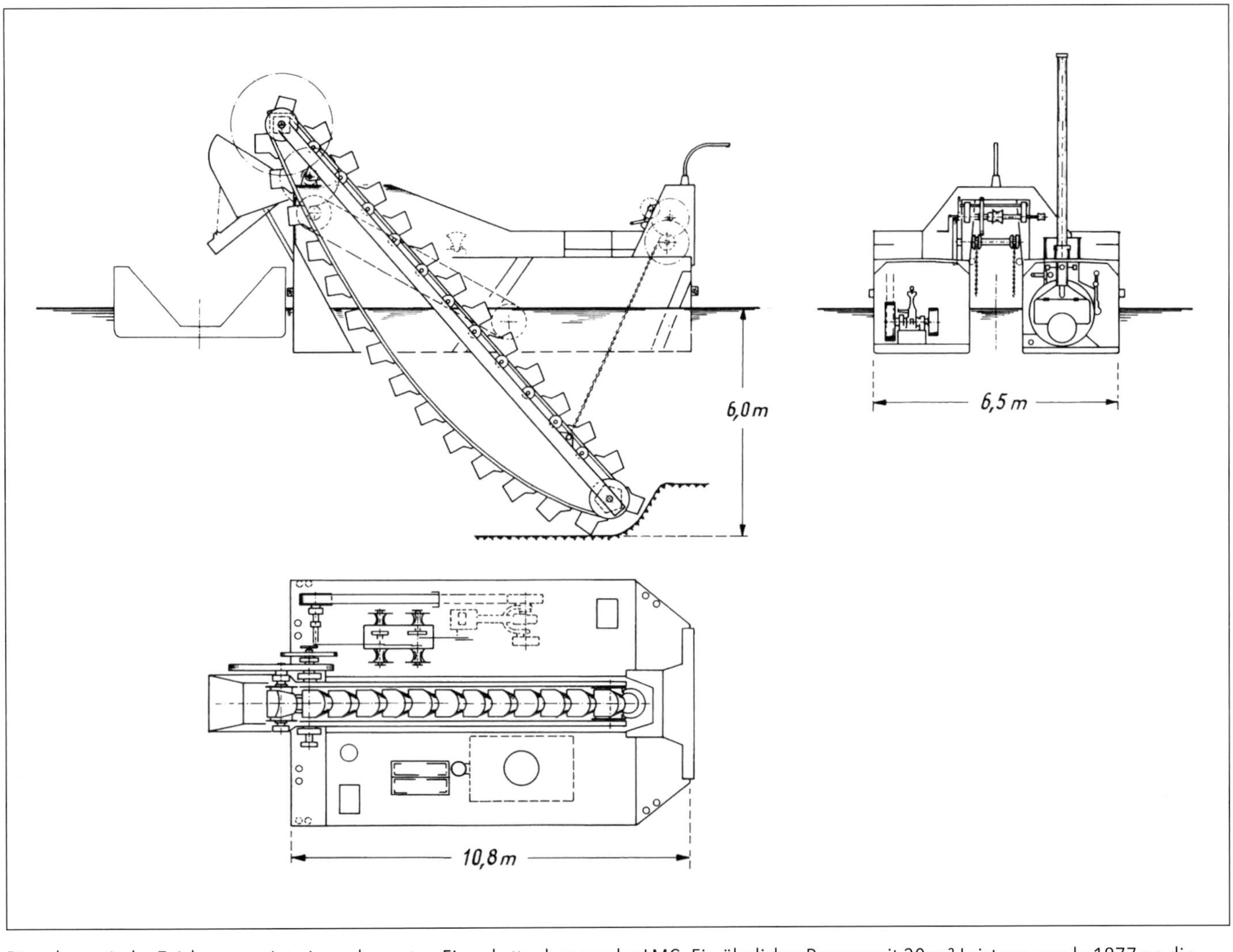

Die schematische Zeichnung zeigt einen der ersten Eimerkettenbagger der LMG. Ein ähnlicher Bagger mit 30 m³ Leistung wurde 1877 an die Drätselkammer in Nystad/Finland geliefert. *(Foto: VOSTA LMG)*

Die neue LMG verfolgte von Beginn an das Ziel, die alten Produktionsanlagen der Maschinenfabrik Kollmann & Schetelig zu modernisieren. Der systematische Ausbau der Werksanlagen fand vor dem Beginn des Ersten Weltkrieges in den Jahren 1908/1909 seinen Höhepunkt. Unter anderem wurden verschiedene Schmieden, eine mechanische Werkstatt, ein Dampfkraftwerk und Schiffbauhallen mit Glühöfen, Schnürboden usw. neu errichtet.

Schon unmittelbar nach Gründung der AG wurde die alte Gießerei von Kollmann & Schetelig abgerissen. Die Giebelfront des Neubaus zur Karlstraße konnte allerdings erst 1883 fertiggestellt werden.

In diesem Jahr erfolgte der Bau einer Kesselschmiede in Holzkonstruktion, die am traveseitigen Teil des Fabrikgeländes errichtet war. Hier wurden nicht nur Kessel gebaut, sondern auch Stahlbauten für Bagger und Brückenkonstruktionen. Ihr Abbruch erfolgte erst nach dem großen Umbau 1907/1909. Ein Jahr später, im Jahre 1884, wurde auch die Baugenehmigung für einen Derrick-Kran erteilt.

Insgesamt wurde in beeindruckender Weise in das Werk investiert und 1879 ein Schiffbauplatz am Stadtgraben errichtet, um einen ersten großen Bagger herstellen zu können. Während der gesamten Zeitspanne bis zum Ersten Weltkrieg wurden immer wieder die Transportwege, Gleisanschlüsse, Krananlagen, Lagerflächen usw. ausgebaut. 1883 konnte die damalige Firmenleitung mit der Hansestadt den Tausch eines Uferstreifens gegen einen ehemaligen staatlichen Ballastplatz erwirken. Dadurch entstand für den gewünschten Werftbauplatz der LMG eine Wasserfront mit Anlegerecht von 150 m Länge. 1899 konnte der Neubau der Dreherei und die Errichtung einer Fräserei abgeschlossen werden. Allein für diese Abteilungen wurden 40 neue Bearbeitungsmaschinen angeschafft. Am 3. April 1907 beschloss die Generalversammlung zudem den Ausbau der Betriebsanlagen, um ein modernes Werk für Trocken- und Nassbaggerbau zu errichten.

Um 1877 war das Werksgelände der LMG noch übersichtlich. Das Bild zeigt den Blick von der Wallhalbinsel. Im Vordergrund sind die Gleise und der Holzlagerplatz erkennbar. Links befindet sich die Eisengießerei und am rechten Bildrand die Kesselschmiede. (Foto: VOSTA LMG)

Eine moderne Dampfkraftanlage entstand 1909 auf dem ehemaligen Montageplatz für Trockenbagger. Der letzte große Umbau der LMG war bis 1910 abgeschlossen. Zu dieser Zeit betrug die Gesamtfläche das Firmengrundstücks 56 ha, davon waren 17.600 m^2 bebaut. Die Fabrik lag jetzt unmittelbar am Lübecker Hafen und die Frontlänge des Grundstücks am Wasser betrug etwa 250 m.

1909 entstanden eine Kessel- und Eimerschmiede, eine Hammer- und Gesenkschmiede, eine mechanische Werkstatt und ein Kesselhaus. Letzteres beinhaltete auch eine Kraftzentrale für elektrische Energie und Druckluft. Die Werftkapazitäten wurden durch den

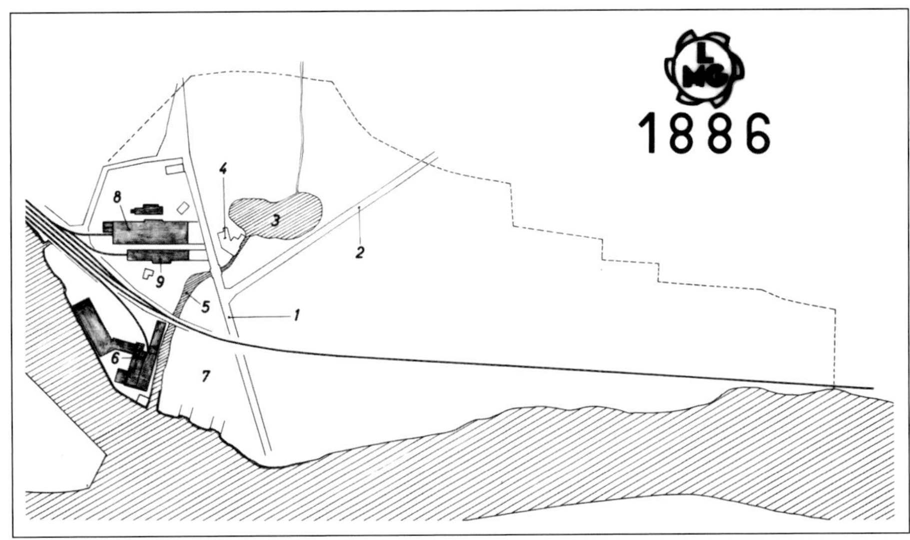

Auf dem frühen Lageplan von 1886 ist gut die damalige Größe im Vergleich zum späteren Werksgelände um 1965 zu erkennen. Die Zahlen bezeichnen: Carlstraße (1), Einsiedelstraße (2), Struckmühle mit Teich (3/4), Struckbach (5), Kesselschmiede von 1875 (6), Zimmerplatz (7), Gießereihalle und Dreherei (9). (Foto: VOSTA LMG)

Das Foto zeigt das frühe Werksgelände in der Zeit von 1900 bis 1908, gesehen von der Carlstraße. Die heutige Carlstraße mündet direkt in die Einsiedelstraße und war in den 1950er-Jahren auch die offizielle Firmenadresse. (Foto: VOSTA LMG)

Die LMG wird für ihre Schwimmbagger weltbekannt werden. Die Aufnahme um 1901 zeigt die Kesselschmiede der LMG vor ihrem Abbruch anlässlich der Neubauten im Jahre 1909. Im Bild zu sehen ist der Laderumsaugbagger Seegatt, der 1901 mit der Baunummer 61 an die Königliche Hafeninspektion Memel geliefert wurde. *(Foto: VOSTA LMG)*

Die Aufnahme zeigt das Lübecker Werk um 1909 nach den erfolgten Umbau- und Erweiterungsarbeiten. Kontinuierlich fördernde Bagger, Schiffe und Bordkrane, Radlader sowie Schwimmbagger wurden hier produziert. Die Eisengießerei in Lübeck wurde zudem von anderen Werken im Konzern genutzt.

In dem Gebäude in der Bildmitte sind die kaufmännischen und technischen Büros untergebracht. Im Anbau befindet sich die Gießhalle. Das Foto entstand vor dem Umbau 1908/1909. (Foto: VOSTA LMG)

Das Motiv der Kesselschmiede um 1910 wurde auch für Anzeigen benutzt. Die schöne Zeichnung vermittelt einen guten Eindruck der LMG vor 110 Jahren. (Foto: VOSTA LMG)

Bau einer Schiffbauhalle, den Bau von Helgen und eines Kranes ergänzt. Innerhalb von zwei Jahren entstand ab 1938 eine große Baggermontagehalle mit 162 m Länge und 36 m Breite. In der Halle war ein 30-t-Laufkran mit einer Hakenhöhe von 14 m installiert.

Nicht zuletzt wegen der umfangreichen Erweiterungsbauten 1908/09 hatte sich der Kapitalbedarf der Firma im Laufe der Jahre beträchtlich erhöht. Genügten während der Gründerjahre noch etwas mehr als 800.000 Reichsmark (rund 2,9 Millionen Euro), so stieg der Kapitalbedarf bis 1909 auf mehr als drei Millionen Reichsmark (10,8 Millionen Euro) an.

Die Zahl der Mitarbeiter wuchs von anfangs 100 auf 950 im Jahre 1913. Und auch die Grundstücksfläche der Fabrik war im Zuge dieser Entwicklungen ebenfalls deutlich vergrößert worden: 1876 wurden weniger als drei und 1910 ungefähr 6 ha genutzt, überbaut waren davon in den gleichen Jahren zunächst etwa 2.000, später mehr als 17.000 m^2.

Diese unübersehbare Aufwärtsentwicklung der LMG vor 1914 war im Gegensatz zur Vorläuferfirma Kollmann & Schetelig von einer neuen Größe. Die Zuführung fremden Kapitals, ein größerer Binnenmarkt, eine immer stärker arbeitsteilig produzierende Volkswirtschaft und ein relativ stetiges Wachstum der deutschen Industrie waren günstige Rahmenbedingungen, die den Aufstieg der Lübecker Maschinenbau Gesellschaft maßgeblich und positiv beeinflussten.

Das Bild zeigt den Baggermontageplatz vor dem großen Umbau vor 1908/1909. Die Bagger wurden mittels Portalkranen im Freien montiert. (Foto: VOSTA LMG)

Im Schiffbauschuppen war um 1910 diese kombinierte Schere und Stanze ein wichtiges Werkzeug in der Produktion. (Foto: VOSTA LMG)

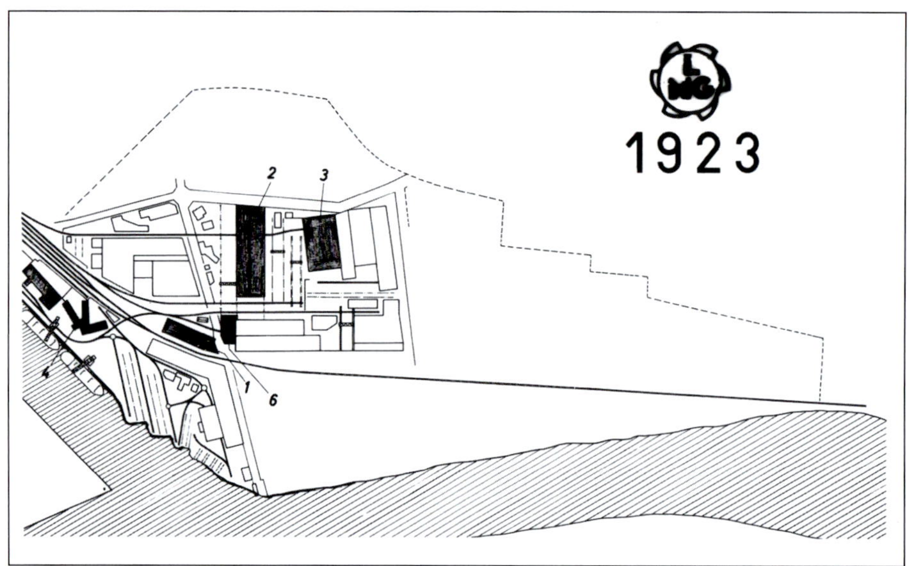

Im Laufe der Jahre wurde das Werksgelände stetig erweitert und wuchs in Richtung der Grenzen von 1965. Im Lageplan zu erkennen sind das Verwaltungsgebäude (1), Stahlbauhalle (2), Baggermontage (3), Zimmerei (4), Taklerei (5) und die mechanische Werkstatt (6). (Foto: VOSTA LMG)

Das Fabrikgelände im Jahr 1914 umfasste rund 27.911 m², wovon 1.811 m² bebaut waren. 1907 konnte weiteres Werksgelände gekauft werden, so dass die gesamte Werksfläche auf 60.000 m² wuchs und die bebaute Fläche auf 17.600 m². Zur Wasserfläche entstand ein Ausrüstungskai von 250 m.

In den ersten Jahren nach Gründung lag der Schwerpunkt bei Gießereierzeugnissen und Ventilationseinrichtungen für den Mühlenbau und landwirtschaftlicher Maschinen, Lokomobilen und Wasserturbinen. Es zeigte sich aber, dass der heimische Markt in Schleswig-Holstein auf Dauer zu klein war. Stärker werdender Wettbewerb zwang dann zusätzlich dazu, andere Fertigungsbereiche mit aufzunehmen.

Auch das wasserseitige Werksgelände wuchs stetig. Um 1923 betrug die Kailänge noch 350 m und wird 50 Jahre später auf 750 m anwachsen. Das Foto dürfte um 1925 entstanden sein; das Schiff ging an die Reederei Blumenthal. (Foto: VOSTA LMG)

Aufgrund der Lage am Hafen entschied sich die damalige Geschäftsführung, Zulieferteile für den Schiffsbedarf herzustellen. Dieser Absatz von zum Beispiel Winden und Masten spielte aber nie eine große Bedeutung.

Der Bau von Kesseln für Dampfmaschinen bei Land- und Schiffsanlagen gewann ebenfalls an Bedeutung. Aufgrund des aufkommenden Dieselmotors wurde der Bau dieser Dampfmaschinen aber 1935 eingestellt; der Kesselbau später 1963.

Ein wichtiger Fertigungszweig in den Anfangsjahren war der Schwimmbaggerbau, der auch schnell für ein großes Renommee sorgte. Die ersten Bagger wurden „Excavatoren“ genannt. Diese dampfbetriebenen Eimerketten-Trockenbagger waren mit Tiefbaggerleiter und rückwärts schneidenden Eimern ausgerüstet. Sie wurden 1887 erfolgreich beim Bau des Kaiser-Wilhelm-Kanals (heute Nord-Ostsee-Kanal) eingesetzt und baggerten dort 39,5 Millionen m³ Erdreich. Wenn man von einem standardmäßigen dreiachsigen Sattelkipper mit 25 m³ Nutzlast ausgeht, so wären dies dann rund 1,6 Millionen Lkw-Ladungen gewesen.

Diese Bagger waren sehr erfolgreich und sorgten bereits 1877 für einen Meilenstein. In dieser Zeit bestellte die Firma Drätselkammer im finnischen Nystad den ersten LMG-Dampfeimerkettenschwimmbagger mit 30 m³ stündlicher Leistung und 5 m Baggertiefe. Aufgrund dieser frühen Erfahrungen konnte der Schwimmbaggerbau in Lübeck immer mehr Fuß fassen und gewann mehr und mehr an Bedeutung.

Der mittlerweile weltweite Zuwachs im Wasserbau stärkte diese Position durch Flussregulierungen, Kanal- und Hafenbauten oder den Küstenschutz.

Der Kesselbau war lange auch ein wichtiger Produktzweig der LMG. Produziert wurden ebenfalls Kessel für Dampflokomotiven. Hier entstehen gerade Kessel für die preußische G8 Dampflokomotive, die zwischen 1902 und 1921 in zwei Versionen gebaut wurde. Die Aufnahme datiert um 1910.

Dampfmaschinen wurden bis 1935 gebaut, als der Dieselmotor aufkam. Stolz präsentiert sich der Mitarbeiter vor dem Zweiflammrohr-Kessel mit einer Heizfläche von 60 m² und einem Betriebsdruck von 12,5 Atü. (Foto: VOSTA LMG)

Bei der LMG begann man dann gegen 1880 nicht nur mit dem Bau von Mühlen oder landwirtschaftlichen Geräten, sondern auch mit ersten kleineren Schwimm- und Trockenbaggern. Zunächst waren dies alles noch Eimerkettenbagger, die bis in die 1930er-Jahre dominierten.

1901 baute die LMG den ersten seegehenden Laderaum-Saugbagger, genannt „Seegatt" für die königliche Hafenbehörde der Stadt Memel. Dieses Jahr kann somit auch als das Geburtsjahr des Schiffsbaus in Lübeck betrachtet werden.

Bei O&K begann der Bau von Eimerkettenbaggern im Jahre 1902 im Berliner Werk. Sechs Jahre später – im Jahre 1908, dem Todesjahr von Arthur Koppel – begann auch der Bau von dampfbetriebenen Seilbaggern auf Schiene.

Und so verfügten die Lübecker Maschinenbau Gesellschaft und die Orenstein & Koppel AG über zwei Produktlinien, die sich gut ergänzen würden. Die Annäherung beider Gesellschaften erfolgte dann auch im Jahre 1911, als O&K rund 93 Prozent der LMG-Aktien übernahm. Das Konstruktionsbüro der LMG wurde seinerzeit für mehr als ein Jahr in die Verwaltung der Orenstein & Koppel AG ans Tempelhofer Ufer in Berlin verlegt.

Der Baggerbau war innerhalb der Produktpalette der LMG der zentrale Punkt aller Erfolge, oder wie man heute wohl sagen würde die Cash-Cow. Unterschieden wurden der Trocken- und Nassbaggerbau. Trockenbagger oder Excavatoren, die seit 1879 produziert werden konnten, wurden zu dieser Zeit bereits von anderen Herstellern angeboten. Die LMG hatte dennoch in dieser Sparte Fuß fassen können, weil der Staat Lübeck bei ihr mehrere Bagger bestellte; diese wurden unter anderem für die Kanalisierung der Trave (Durchstich Teerhofinsel) Anfang der 1880er Jahre benötigt. Sie waren im Vergleich zu Tagelöhnern mit Spaten, Spitzhacke und Schaufel nur dann rentabel, wenn es galt, technische Großbauten zu realisieren.

Bereits 1886 exportierte die LMG Excavatoren in europäische, südamerikanische und asiatische Länder; immer dann, wenn Kanäle, Seehäfen oder Eisenbahnen gebaut wurden, waren

Dampfkessel hingegen wurden auch nach 1935 produziert und erst 1963 eingestellt. (Foto: VOSTA LMG)

Das Foto zeigt den Blick von der Struckfähre am rechtsseitigen Anleger. Es entstand um 1929. *(Foto: Henning Dreyer)*

Alte Fotos der Werkshallen strahlen immer eine Faszination vergangener Zeiten aus. Das Foto dürfte auch aus den frühen Jahren um 1940 stammen. *(Foto: Henning Dreyer)*

Der Blick vom Wallhafen zeigt um 1930 auch den Elevator Nr. 2 mit der Baunummer 274. Das Gerät war für die Entladung von Bargen vorgesehen, die über Eimerkettenbagger befüllt wurden. Das Gerät konnte das Material dann über ein oder zwei Eimerketten in Ufernähe entladen. Diese verfügten über 500-l-Eimer und eine Reichweite bis 45 m. (Foto: Henning Dreyer)

LMG-Bagger dabei. Ab 1888 wurden Excavatoren auch für die Förderung der Braunkohle konstruiert und in die mitteldeutschen und rheinischen Braunkohlereviere verkauft. 1905 konnte bereits der 200ste Excavator produziert werden.

In einer großen Ausbauperiode des Werkes um 1920 wurden dann aus Kapazitätsgründen Werft und Baggerbau getrennt. Für den Baggerbau mit seinen immer größer werdenden Geräten wurde eine neue Halle mit modernen Werkzeugmaschinen gebaut.

Ab 1935 kamen dann die Schaufelradbagger dazu und stießen in wahrhaft gigantische Förderleistungen und Dienstgewichte vor. Ihr späterer technischer „Wegbegründer", der Baggerpapst Ludwig Rasper, brachte die Entwicklung in diese Größen maßgeblich voran. Diese Entwicklung wird im zweiten Band ausführlich beschrieben.

Orenstein & Koppel AG und Lübecker Maschinenbau Gesellschaft

Ab 1939 wütete der Wahnsinn des Zweiten Weltkrieges. Als Folge dessen büßte die Orenstein & Koppel AG und Lübecker Maschinenbau Gesellschaft einen großen Teil der Werke ein. Nur Berlin, Dortmund und Bochum blieben, jedoch stark zerstört, übrig. Dem Lübecker Werk kam eine besondere Bedeutung zu, denn es überstand den Krieg nahezu unversehrt.

Die endgültige Fusion beider Unternehmen erfolgte im Jahre 1950. In der Bekanntmachung hierzu hieß es im typischen Stil der 1950er-Jahre: „Wir beehren uns, Ihnen hierdurch bekanntzugeben, das die beiden Firmen ORENSTEIN-KOPPEL AKTIENGESELLSCHAFT und die LÜBECKER MASCHINENBAUGESELLSCHAFT, (Hervorhebungen im Original, Anmerkung des Verfassers) die schon seit 1911 in einer engen Interessengemeinschaft zusammenarbeiten, sich nunmehr auch, und zwar seit Dezember 1950, gesellschaftsrechtlich zu einer Firma, nämlich der ORENSTEIN-KOPPEL und LÜBECKER MASCHINENBAU Aktiengesellschaft zusammengeschlossen haben."

Ziel war die Straffung des Fertigungsprogramms, der Verwaltung und des Vertriebs des Unternehmens auf den in- und ausländischen Märkten. Ein großzügiges Investitionsprogramm trug entscheidend dazu bei, das Lübecker Werk zu einem modernen und leistungsfähigen Maschinenbau- und Schiffsbauunternehmen auszubauen.

Das Werksgelände war im Jahre 1965 weitergewachsen und die Größe betrug mittlerweile 170.000 m^2 mit 105.270 m^2 bebauter Fläche. Acht Jahre

In den Bürogebäuden waren um 1965 die technischen Abteilungen untergebracht. Oben links sind die Krane der Kaianlage zu erkennen.

(Foto: Henning Dreyer)

Die 162 m lange Halle für den Baggerbau wurde in den Jahren 1938 bis 1940 gebaut. Sie hatte eine Breite von 36 m und verfügte über einen 30-t-Laufkran. (Foto: Henning Dreyer)

Der Blick zeigt schön den Baggerbau in der Halle. Zu erkennen sind Fahrwerke, Maschinenhäuser und Komponenten. (Foto: Henning Dreyer)

später wurden dann sogar 224.310 m² gesamte Fläche erreicht. Insgesamt war der stetige Ausbau des Werksgeländes von einem ebenso steigenden Ausbau der Fertigungseinrichtungen begleitet. Die Entwicklung des Werkes war beeindruckend, wie die Tabelle unten zeigt.

Im Juli 1969 beschloss die damalige Hauptversammlung, den Firmennamen des Werkes auf die Kurzform „Orenstein & Koppel AG" zu kürzen. Ziel war der Ausdruck des weiteren Zusammenwachsens. Das Lübecker Werk wurde dann tief in die übrige Konzernstruktur integriert, so dass die bis dato vorrangige Einzelfertigung durch die Aufnahme neuer Produkte um eine Serienfertigung ergänzt wurde.

Dadurch konnte zudem eine wesentlich bessere Auslastung des Werkes ermöglicht werden. Denn es kam in den frühen 1970er-Jahren die Produktion von Radladern und Kranen hinzu sowie Zubehörteile für Hydraulikbagger.

	Werksgelände	Bebaute Fläche	Kailänge
1873	27.911 m²	1.811 m²	-
1907	60.000 m²	17.600 m²	250 m
1923	70.000 m²	30.000 m²	350 m
1973	224.310 m²	105.270 m²	750 m

Das Foto zeigt einen Blick in die Schweißerei. In den 1960er-Jahren wurde dies auch aufgrund der Größe der Komponenten alles händisch ausgeführt. (Foto: Henning Dreyer)

Oben: Die LMG prägte den Bau von kontinuierlich fördernden Baggern maßgeblich. Um 1900 war der Typ B verfügbar. Er wog rund 55 t und war für eine senkrechte Baggertiefe von bis zu 17 m ausgelegt. Die Eimer hatten einen Inhalt von 250 bis 300 l und der Bagger konnte 360 m³ pro Stunde fördern. Er fuhr auf elf Laufrädern und verfügte über 90 PS Antriebsleistung.

Rechts: Schräm- oder Kratzbagger waren um 1906 im Hochschnitt weit verbreitet. Dieses Gerät war für eine Abtragshöhe von 35 m ausgelegt. Typisch für die Zeit ist auch die Ausbildung als Ein- oder Zweitorbagger; im Bild ein Eintorbagger.

Einige Eintorbagger wurden später auch schwenkbar gebaut. Das Foto zeigt einen typischen Einsatz aus der Zeit um 1906, jedoch nicht schwenkbar. Schienen waren das einzige Transportmittel zu dieser Zeit. Alle Details zu den Großgeräten werden im zweiten Band ausführlich beschrieben.

Um 1918 war dann bereits der weiterentwickelte Eintorbagger Type E II als Hochbagger lieferbar. Die Abtragshöhe betrug hier rund 12 bis 14 m. Mit den 300-l-Eimern konnte der Bagger stündlich 450 m³ baggern. Sein Antrieb war elektrisch.

Ab 1935 baute die LMG auch Schaufelradbagger und war lange Jahre Marktführer; der „Baggerpapst" Ludwig Rasper prägte deren Entwicklung wie kein anderer. Dieser 1.200 t schwere Bagger wurde 1950 in die Grube Zukunft West geliefert. Die Besonderheit hier war der Vorschub des Schaufelrades von 13 m. Diese Bauweise war anfangs sehr verbreitet, verschwand aber ab Mitte der 1950er-Jahre aufgrund der komplexen Kinematik.

Anfang der 1950er-Jahre erreichten die gigantischen Bagger dann 100.000 m³ Tagesleistung und wogen über 5.000 t. Aus diesem Grund wurde diese erste Baggergeneration auch als die 100.000er-Generation bezeichnet. Das Ende war damit aber noch nicht erreicht.

Die Schaufelradbagger wurden in den 1960er- und 1970er-Jahren bis in den kanadischen Ölsand um Fort McMurray in die Provinz Alberta geliefert. Im zweiten Band widmet sich ein Kapitel allen Details zu diesem Einsatz. Das Foto zeigt nicht mehr im Betrieb befindliche Geräte in Fort McMurray im Jahre 2015 an einem öffentlichen Aussichtspunkt am Highway von der Stadt zu den Minen.

Absetzer kamen ab 1917 auf und wurden ab 1926 dann auch deutlich größer. Sie liefen anfangs noch auf Schienen und besaßen alle Aufnahmegeräte in Form einer Eimerkette oder später eines Schaufelrades. Dieser frühe Absetzer verfügt noch über eine Eimerkette, rechts erkennbar.

Das Material wurde dabei von den Zügen in den Graben verkippt und dann über die Eimerkette aufgenommen. Mit dem aufkommenden Bandtransport des Materials und den Raupenfahrwerken verschwanden dann auch die separaten Aufnahmegeräte an den Absetzern.

Seither bestand das Fertigungsprogramm in Lübeck hauptsächlich aus Schaufelrad- und Eimerkettenbaggern, Laderaumsaugbaggern, Schneidkopf-Saugbaggern, Schiffen sowie Tankern, Schiffsentladern, Radladern, Schwimm- und Bordkranen und Autokranen

Gegen 1959 arbeiteten mehr als 4.200 Beschäftigte im Werk. In den späten 1960er-Jahren hatte das Unternehmen 3.000 Beschäftigte.

1973 arbeiteten im Lübecker Werk nur noch 2.800 Mitarbeiter; die seinerzeit einen sicheren Arbeitsplatz hatten und ein Programm bauten, das Zukunft hatte, weil „die Zukunft damit gebaut wird" – so heißt es 1976 in der damaligen O&K-Hauszeitschrift Contact. 1976 war Lübeck personalmäßig sogar das größte O&K-Werk mit immer noch knapp 3.000 Mitarbeitern.

Im Geschäftsjahr 1976 hatte sich die Weltwirtschaft vom konjunkturellen Einbruch der Vorjahre zögerlich erholt. O&K konnte dennoch die Konjunkturschwächen einzelner Märkte ausgleichen. Der Umsatz stieg 1976 um 16 Prozent auf 876,1 Millionen DM (447,94 Millionen Euro). Den Großteil von 444 Millionen DM (227 Millionen Euro) steuerten Baumaschinen bei. Der Umsatz im Schiffbau lag bei 159 Millionen DM (81 Millionen Euro) und der allgemeine Maschinenbau (Tagebaugeräte, Bordkrane, Stapler und Rolltreppen) steuerte 219 Millionen DM (112 Millionen Euro) bei. Dennoch, die Umsätze der Werft mit einem Anteil von 18 Prozent am Gesamtumsatz lagen 11 Prozent unter Vorjahresniveau. Dies lag auch an einem niedrigeren Auftragsbestand, da nur wenige Aufträge für Schwimmbagger erteilt wurden. Der allgemeine Maschinenbau war mit 25 Prozent am gesamten Umsatz beteiligt und war um 29 Prozent auf 219 Millionen DM gestiegen, da größere Aufträge für Tagebaufördergeräte und Bordkrane abgeliefert wurden.

Die Tabelle rechts zeigt, wie die Fertigungsorganisation 1976, zum hundertjährigen Jubiläum des gesamten Konzerns, insgesamt aussah. So hat das Werk Lübeck auch Komponenten für die Hydraulikbagger geliefert. Unter anderem kamen große Stahlbaukomponenten für den damals größten Hydraulikbagger der Welt, den RH 300, aus Lübeck. Dortmund war seinerzeit noch nicht für diese großen Komponenten aufgestellt und in Lübeck wurden diese ja für die großen, kontinuierlich fördernden Bagger produziert.

Hagen	Hattingen	Lübeck	Dortmund	Berlin
Gabelstapler Elektrostapler Radlader L4, L6 Motraks	Zahnräder Getriebe Achsen Hydraulik Rolltreppen Rollsteige	Ausrüstungen für Hydraulikbagger Schiffe Schwimmbagger Schaufelradbagger Eimerkettenbagger Schwimmkrane Bordkrane Autokrane Große Radlader	Unterwagen und Ausrüstungen für Hydraulikbagger Waggons Lokomotiven Grader Hydraulikbagger: RH 18, RH 25, RH 40, RH 75	Reisezugwagen U-Bahnzüge Omnibusse Mobilbagger Raupenbagger bis RH 12

1982 hatte der O&K-Konzern mit einer Baukrise in der Bundesrepublik zu kämpfen, dieser fielen einige tausend Bauunternehmen innerhalb von drei Jahren zum Opfer. Geldmangel und Wirtschaftsschwächen kamen in einigen westlichen Ländern hinzu und Finanzierungsschwierigkeiten in den Entwicklungsländern.

Dies führte zu massiven Absatzrückgängen bei O&K, die nur 930 Millionen DM (475 Millionen Euro) oder 82 Prozent des Vorjahres betrugen. Auftragseingänge im Inland lagen 28 Prozent unter Vorjahresniveau und aus dem Ausland 8 Prozent darunter. Die Werke in Ennigerloh und Lübeck waren 1982 noch gut ausgelastet, während die Auslastung der Werke für die Standard-Fertigung nochmals zurückging.

So wurde seinerzeit aufgrund dessen auch die Produktion der kleineren Radlader und Stapler aus dem Werk Hagen nach Berlin verlagert. Diese Maßnahmen zur Kostensenkung führten auch dazu, dass Ende 1981 noch 6.453 Mitarbeiter beschäftigt waren, was 11 Prozent weniger war als ein Jahr zuvor.

Ab 1965 erweiterte die LMG das Angebot der Schaufelradbagger nach unter mit einer neuen Baureihe an Standardtypen. Mit der neuen elektrisch angetriebenen Baureihe standen Bagger von 25 bis 150 l Schaufelgröße und 36 bis 172 t Dienstgewicht bereit. Alle Funktionen der Geräte wurden elektrisch angetrieben. Das Bild zeigt den 50-l-Bagger.

Ab Anfang der 1970er-Jahre präsentierte Orenstein & Koppel dann eine komplett neue Baureihe an Standardschaufelradbaggern. Diese trugen mit „SH" eine neue Typenbezeichnung für die Standardbaureihe hydraulischer Bagger; die Zahl gab dabei die Schaufelgröße in Litern an. Der SH 250 wog 110 t und konnte 1.250 m³ in der Stunde baggern.

Das Werk Lübeck der LMG nach 1990

Anfang der 1990er-Jahre begann dann eine wechselhafte Geschichte des traditionsreichen Standortes in Lübeck. Für

Oben: Zu den frühen Baggern aus Lübeck gehörten auch diese Grabenbagger, die später natürlich auf Raupen angeboten wurden. Heute würden diese Maschinen wohl eher als Fräsen bezeichnet werden.

Mitte: Dieser Grabenbagger trug die Bezeichnung R III g und verfügte über einen Böschungsschneider. Stolz zeigen sich die Mitarbeiter vor dem Gerät. Vermutlich handelt es sich bei diesen aufgrund der Kleidung nicht um die Arbeiter. Die stündliche Leistung des Baggers lag bei 112 m³.

Unten: Dieser Grabenbagger auf Raupen war für die Herstellung verschiedenster Gräben mit unterschiedlichen Abmessungen vorgesehen. Er trug die Bezeichnung R II G und hatte eine maximale Baggertiefe von 2,5 m bei 55 bis 75 cm Breite. Seine stündliche Förderleistung lag bei 75 m³. Der Antrieb erfolgte durch einen Benzinmotor.

den Schiffbau kam überraschenderweise bereits 1987 das Ende; 500 Beschäftigte wurden entlassen. Der 170 m lange und 25 m breite Helgen samt Verwaltungsgebäude wurde dann auch später abgerissen.

Am 1. Juli 1992 wurde im O&K-Konzern ein neues Zukunftskonzept beschlossen. Ziel war die Konzentration auf Kernfelder und eine schlankere Unternehmensstruktur mit flacherer Führungshierarchie. Auf einem Tag der offenen Tür ein Jahr zuvor besuchte sogar

Oben: Stolz präsentierte man den mit 140 t größten Seilbagger des Konzerns, den L1801. 1951 durfte er vor den Werkstoren in der Einsiedelstraße erste Fahrversuche unternehmen. Heute würde ein gleich großes Gerät wohl deutlich mehr Flurschaden auf öffentlichen Straßen hinterlassen.

Unten: Zwei Generationen Baumaschinen gemeinsam in einem Steinbruch in Nordrhein-Westfalen: Der RH 9 aus Berliner Produktion und der L1801 Seilbagger aus Lübecker Produktion.

Zu den kuriosen Produkten aus Lübeck dürfte auch dieser Greiferkran für den Tagebau gehört haben. Der Kran erinnert eher an einen Hafenkran und fuhr auf Raupen. Die Tragkraft betrug maximal 20 t und die Ausladung lag bei 48 m. Die beiden Arbeiter neben der Kabine verdeutlichen die Größe.

eine Urenkelin des Firmengründers Carl Martin Ludwig Schetelig das Werk. So wurde der Unternehmensbereich Anlagen und Systeme geschaffen, in dem die Aktivitäten für Entwicklung, Konstruktion, Herstellung und Vertrieb von Maschinen und Anlagen der Förder-, Aufbereitungs- und Umschlag-

Im Dezember 1950 erfolgte dann der komplette Zusammenschluss der Lübecker Maschinenbau Gesellschaft und Orenstein & Koppel. Beide Unternehmen konnten auf viele erfolgreiche Jahre zurückblicken. Den zeitgenössischen Prospekt zu diesem Jubiläum zierte auch noch ein schöner Vorkriegsbagger des Typs D.

Nach dem erfolgten Zusammenschluss in 1950 traten beide Unternehmen dann gemeinsam auf. Dies wurde auch durch das gemeinsame Logo auf Prospekten dokumentiert. Neben der bekannten O&K-Raute erschien fortan das LMG-Schaufelrad.

technik sowie Komponenten zusammengeführt sind. Dies beinhaltete auch alle dazugehörenden Tochtergesellschaften.

Ende September 1991 beabsichtigte die Fried. Krupp AG die feindliche Übernahme der Hoesch AG; Krupp besaß zu diesem Zeitpunkt bereits 24,9 Prozent der Aktien. Nachdem Krupp Ende 1991 dann weitere Anteile erworben und so die Mehrheit am Grundkapital erlangt hatte, beschlossen die Vorstände im Juni 1992 die Verschmelzung beider Unternehmen.

Nach der Verschmelzung der Hoesch AG mit der Fried. Krupp AG, die seinerzeit die Aktienmehrheit an der Hoesch AG hielt, wurde die O&K Anlagen und Systeme GmbH unter das Dach der Krupp Industrietechnik eingebracht, die im Wesentlichen eine komplementäre Produktpalette anbot. So wechselte das Werk Lübeck seinen Besitzer und firmierte ab dem 1. Mai 1993 als Krupp Fördertechnik.

Der verschlankte O&K-Konzern konzentrierte sich fortan nur noch auf Baumaschinen und Mining in den Werken Berlin, Dortmund, Hattingen, Kissing und Neunkirchen. Zweites Standbein sollte die O&K Rolltreppen GmbH werden. Doch die Rolltreppen- und die Miningsparte wurden im Laufe der Folgejahre auch weiter veräußert, bis nur noch die Baumaschinen übrigblieben, die 1998 an das Fiat Tochterunternehmen New Holland gingen.

1999 lief in Lübeck noch der weltgrößte Hopperbagger „Vasco da Gama“ mit 30.000 m^3 Laderaum vom Stapel. Der Bagger wurde in Lübeck konstruiert und in der ThyssenKrupp Werft in Emden gebaut. Der Bau von Tagebaubaggern wurde im gleichen Jahr von Krupp eingestellt und es gingen weitere 100 Arbeitsplätze verloren. Die kleinen hydraulischen Schaufelradbagger der Typen SH 250 bis SH 1800 wurden nach Essen verlagert.

Oben: In den 1960er-Jahren war das Werksgelände bereits beachtlich gewachsen. Die Einsiedelstraße verläuft im linken Bildbereich. Gut erkennbar ist auch die lange Baggerbauhalle von 1938. *(Foto: VOSTA LMG)*

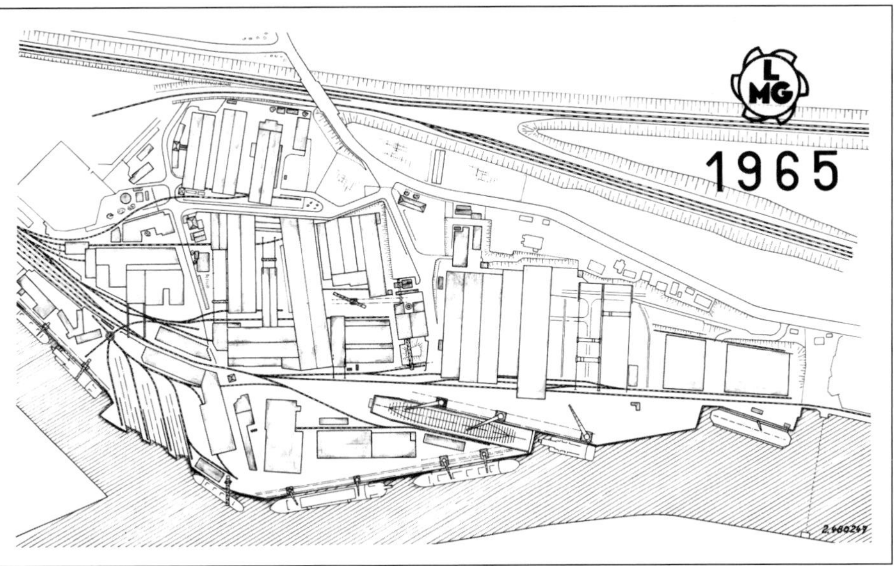

Rechts: Aus dem Lageplan geht die beeindruckende Größe des Werksgeländes im Jahre 1965 hervor und das riesige Wachstum verglichen mit den frühen Lageplänen um 1886. Die zentrale Achse der Maschinenfabrik war die von 1938 bis 1940 errichtete Baggermontagehalle mit einer Länge von 162 m, einer Breite von 36 m und einem 30 t Hallenkran (ungefähr links neben der Bildmitte). *(Foto: VOSTA LMG)*

Im Frühjahr 2000 endete dann auch die ThyssenKrupp-Ära, als der Konzern das Werk Lübeck für einen symbolischen Betrag an die Hamburger Beteiligungsgesellschaft NordGB „verkaufte" und noch als Bonbon eine Umstrukturierungshilfe dazupackte. Fortan firmierte das Werk wieder unter dem ursprünglichen Namen LMG und den beiden Sparten „LMG Industrial Services" und „LMG Marine Technology".

Parallel dazu wurde durch ThyssenKrupp auch die Krupp VOSTA in Amsterdam an die NordGB „verkauft". Den Produzenten von Schwimmbaggern hatte Krupp erst 1995 erworben. Das Unternehmen wurde zudem in VOSTA umbenannt.

Die neue LMG in Lübeck war weiterhin erfolgreich im Bordkranbau tätig, suchte aber auch neue Produktionsfelder. Diese ergaben sich aus der Kooperation mit dem Lübecker Windkrafthersteller DeWind sowie im Bau von Gießpfannen für die Stahlindustrie. Der Markt für Schwimmbagger war zu diesem Zeitpunkt stark rückläufig.

DeWind wurde 1995 gegründet und bereits ein Jahr später übernahm das Lübecker Werk als Krupp Fördertechnik Fertigung und Inbetriebnahme der ersten 600-kW-Windkraftanlage.

weiter auf Seite 37

Oben: Auf der Luftaufnahme aus den 1960er-Jahren ist die Werft gut erkennbar mit dem Verwaltungsgebäude für den Schiffbau oder die „nasse Seite", wie es bei der LMG auch hieß. Auch die große Baggermontagehalle fällt sofort auf.

(Foto: VOSTA LMG)

Links: Die schöne Aufnahme aus der Krankanzel eines Schwimmkranes zeigt die Werftanlagen vermutlich um 1977. Bei dem Schwimmkran dürfte es sich aufgrund des Hakens und der rechten Auslegerstütze um Sanaam oder Himreen gehandelt haben (siehe Kapitel Schwimmkrane). Der Helgen und die Kaianlagen samt Krane zeigen einen guten Blick auf das Gelände. (Foto: VOSTA LMG)

Die LMG-Werftanlagen aus der gegenüberliegenden Blickrichtung des vorherigen Bildes: Sehr schön anzuschauen sind auch die beiden Krane im rechten Bereich, Hersteller ist Wolff aus Heilbronn.
(Foto: VOSTA LMG)

Im Februar 1966 war die Auslastung des Werkes sehr gut. Ein Schwimmbagger entsteht, ebenso ist ein Schiff im Helgen und vorne werden Komponenten eines Schaufelradbaggers vormontiert.
(Foto: Henning Dreyer)

Das Werftgelände aus der gegenüberliegenden Seite der Trave. Der Schwimmbagger vorne wurde 1966 nach Indonesien geliefert und trug den Namen „Kai Fa No. 1" und die Baunummer 628. *(Foto: Henning Dreyer)*

Das Foto vermittelt einen guten Überblick des Werksgeländes um 1966. Links im Hochhaus war der Schiffbau untergebracht, daneben der Helgen und die lange Halle des Baggerbaus. Rechts oben sieht man das Sozialgebäude mit Kantine und Trockenbaggerbau und vorne die Vormontage für den Schiffbau. *(Foto: Henning Dreyer)*

Zahlreiche Drehmaschinen waren um 1970 in der Dreherei angeordnet. Für den innerbetrieblichen Transport sorgte natürlich ein Stapler von Orenstein & Koppel. *(Foto: VOSTA LMG)*

Die Dreherei aus der Bodenperspektive. Auch die Krananlage in der Halle war für schwere Lasten ausgelegt, denn dieser Deckenkran verfügte über eine Tragkraft von 16 t.
(Foto: VOSTA LMG)

Aus Lübeck kamen auch Stahlbauteile für die Dortmunder Baggerproduktion. Um 1970 werden Stiele und Ausleger für die RH-Baggerserie produziert.
(Foto: VOSTA LMG)

Zu erkennen sind Bearbeitungstische und das Lager der Auslegerunterteile oder AUT's, wie diese bei O&K auch genannt wurden.
(Foto: VOSTA LMG)

Oben: Das Bild zeigt einen Montageplatz im Werk. Das Bauteil wird auf dem Tisch eingespannt und dann geschweißt. *(Foto: VOSTA LMG)*

Rechts: Ein umfangreicher Maschinenpark im Werk sorgte für die Bearbeitung des Materials. Diese Biegemaschine wurde benötigt, um Bleche entsprechend zu biegen. Die Aufnahme entstand um 1975. *(Foto: VOSTA LMG)*

Unten: Roboterunterstützt erfolgte hier der Blechzuschnitt. Schön ist die Perspektive von der Hallendecke. Das Foto dürfte ebenfalls Mitte der 1960er-Jahre entstanden sein. *(Foto: Henning Dreyer)*

Links: Pumpen gehörten auch lange Zeit zu einem wichtigen Produktzweig in Lübeck. Die riesigen Pumpen wurden zum Beispiel in den Saugbagger verbaut. Sie waren später um 1987 bis 4,7 m hoch und die größte wog 59 t. *(Foto: VOSTA LMG)*

Oben: Diese frühe Pumpenproduktion um 1909 erfolgte noch mit Nieten oder Schrauben. *(Foto: VOSTA LMG)*

Unten: Anfang der 1970er-Jahre wurden in Lübeck auch Radlader und Autokrane gebaut. Mit dieser neuen Serienfertigung wurde die sonst vorhandene Einzelfertigung der Großgeräte im Hinblick auf eine bessere Werksauslastung ergänzt. Der Bau der Radlader erfolgte in der großen Baggerbauhalle auf der rechten Hallenseite (gesehen von der Wasserseite aus). *(Foto: VOSTA LMG)*

Rechts: Messen waren für die Orenstein & Koppel AG immer wichtig. Auf der Hannover Messe 1976 wurde ein Querschnitt aus dem Programm gezeigt. Das Werk Lübeck war mit den Radladern auf dem Stand vertreten.

Unten: Ende der 1960er-Jahre war der Schiffbau noch ein starker Umsatzfaktor. Am Kai liegen die Hinrich Witt (Baunummer 663) und die Carlo Porr (Baunummer 662). Im Helgen während der Bauphase befindet sich die Antje Schulte mit der Baunummer 664.

(Foto: VOSTA LMG)

Das Gebäude am Werkseingang beheimatete Vertrieb, Produktmanagement und Konstruktion der Trockenbagger. Umkleiden, Duschen und eine Kantine waren ebenfalls dort untergebracht. Das Gebäude existiert auch heute noch, wobei der heutige Zustand etwas mitgenommen wirkt; genutzt wird heute aber nur die erste Etage. *(Foto: VOSTA LMG)*

Der Eingangsbereich des Gebäudes war der Zeit entsprechend modern eingerichtet. Das Schiffsmodell ließ gleich auf die dortigen Produkte schließen. *(Foto: VOSTA LMG)*

Die Aufnahme zeigt den Eingang zum Werk mit Verwaltungsgebäude. Der Baustil entsprach ganz der Hauptverwaltung in Dortmund sowie den späteren Bürogebäude der großen Bagger in Dortmund. Das Foto vom Seilbagger L1801 auf der Straße ist rund 20 Jahre zuvor hinter dem rechten Bildrand entstanden. *(Foto: VOSTA LMG)*

Ein kleiner Querschnitt aus dem Lübecker Bauprogramm wird vor dem Firmengelände gezeigt. Über gut zehn Jahre zählten Autokrane und Radlader ebenfalls zum Angebot aus Lübeck. Die Aufnahme stammt aus den frühen 1970er-Jahren. Kernprodukt in Lübeck war aber immer die Einzelfertigung von Schiffen und Tagebaugeräten (Foto: VOSTA LMG)

DeWind konzentrierte sich in der Gründungsphase auf die Kernkompetenzen Entwicklung und Vertrieb, während das Werk Lübeck als erfahrener Maschinenbauer das Unternehmen bei der Fertigung und der Konstruktion fertigungstechnischer Aspekte unterstützte.

Ende 2001 traten Probleme in der Fertigung auf und die LMG Marine Technology trennte sich von der gesamten LMG. Zusammen mit der VOSTA in Amsterdam gründete sie dann am 1. Februar 2002 die VOSTA LMG B.V.

Die Produktpaletten beider Standorte ergänzten sich nahezu perfekt. In Amsterdam wurden kleine Schneidkopfsaugbagger (cutting suction dredgers, CSD) entwickelt, in Lübeck hauptsächlich die selbstfahrenden Schneidkopfsaugbagger und Hopperbagger.

Im Mai 2003 verkündete die NordGB die Liquidierung der Firma, da die Umstrukturierungshilfe aufgebraucht war und es gelang, die Liquidierungspläne abzuwenden und das Werk in die Insolvenz zu führen. Die verbliebene VOSTA LMG wurde durch den alleinigen Geschäftsführer geführt und die Schwimmbaggertechnik samt Vertriebstätigkeiten wurden wieder verstärkt. Der Bagger Wadreco war der erste Bagger des neuen Unternehmens. Doch aufgrund der geringen Kapitalstärke wurden von den 71 Mitarbeitern, die aus der LMG übernommen wurden, 35 in eine Auffanggesellschaft überführt. Mit dieser dann abgespeckten Personaldecke sollte das Kerngeschäft dann weitergeführt werden; Schwerpunkte lagen im Komponentengeschäft.

Ende 2004 verließ die VOSTA LMG GmbH die Räume in der Einsiedelstraße und bezog neue Büroräume in der Lübecker Innenstadt. Mitte 2012 übernahm die ASL-Gruppe aus Singapur die VOSTA LMG B.V. mit den Standorten Lübeck und Amsterdam sowie den Auslandsgesellschaften. Der Bordkranbau wurde ebenfalls 2004 an den norwegischen Schiffskranhersteller TTS verkauft.

Links: Das Foto zeigt einen Blick in die Baggerbauhalle um 1977. Die Hallen samt Deckenkranen waren für die großen Bauteile optimal ausgelegt. Zu erkennen sind Getriebekästen und Auslegerelemente. *(Foto: VOSTA LMG)*

Oben: Einen seltenen Blick zeigt die Schiffsbauhalle. Orenstein & Koppel und LMG gehörten lange Zeit zu den großen Namen im deutschen Schiffbau. *(Foto: VOSTA LMG)*

In der Brennerei wurden die Bleche genau zugeschnitten. *(Foto: VOSTA LMG)*

Beide Aufnahmen aus der Brennerei entstanden um 1974 und gehörten zu den ersten Montageschritten *(Foto: VOSTA LMG)*

Der Stapellauf der Bellatrix fand 1970 statt. Das 117 m lange Schiff mit der Baunummer 678 hatte eine Ladekapazität von 240 Containern des Typs 20 Fuß. Das Schiff wurde an die Reederei Johann M. Blumenthal geliefert.

Das Foto zeigt die Kaianlagen der Werft samt Helgen in der Bildmitte. Rechts im Bild ist die im Bau befindliche Senta zu sehen. Dieses 8.413-BRT-Schiff mit der Baunummer 714 ging 1975 an die Cosima Reederei in Hamburg.

Das Foto zeigt einen der Trockendocks in Lübeck um 1975. Die Größenverhältnisse können anhand der Arbeiter auf dem Laufsteg in der Bildmitte erahnt werden. *(Foto: VOSTA LMG)*

Links: 1975 begann die Alnajaf durch die Lübecker Bucht ihren Weg in den Irak. Der Schwimmbagger hatte die Baunummer 710 und war 90 m lang. Der Stapellauf erfolgte am 20. März 1975. Rechts: In der Montagehalle befindet sich das gewaltige Saugrohr eines Schwimmbaggers. Zu erkennen ist ebenfalls der Bau eines Schaufelvorderteils für einen Bagger aus Dortmund. *(Foto: VOSTA LMG)*

Im Winter 1975 zeigt sich die Werft verschneit. Zwei Schiffe befinden sich in der Montage; eines liegt im Helgen. Investiert wurde in einen neuen Werftkran, der hinten in der Montage war. Der Kran war ein Peiner VDSH 1800 Hellingkran mit einer maximalen Tragkraft von 50 t. *(Foto: VOSTA LMG)*

Aus dem Verwaltungsgebäude entstand dieser Blick auf den Helgen und die Kaianlagen samt Schwimmkran Sanaam. Als Helgen oder Helling bezeichnet man im Schiffsbau den Platz in einer Werft, wo die Schiffe gebaut werden, also die schräg abfallende Fläche für den anschließenden Stapellauf. Der neue Peiner Kran war montiert und auch die anderen bekamen einen neuen Anstrich. *(Foto: VOSTA LMG)*

Weihnachten 1976 befand sich die Sovereign Accord am Kai. Das Schiff hatte die Baunummer 716 und wurde zusammen mit der Sovereign Express an die Mitsui Reederei Amsterdam geliefert. Beide Schiffe waren 159 m lang und 21 m breit. Beachtenswert ist auch der große Weihnachtsbaum auf dem Verwaltungsgebäude. *(Foto: VOSTA LMG)*

Auch im März 1978 zeigte sich der Helgen tief verschneit. Am Kai lag im Bau die Nordsee. Das Baggerschiff hatte die Baunummer 724.
(Foto: VOSTA LMG)

Im Winter 1980 war der Stapellauf erfolgt und der Helgen war leer. Links im Bild ist die Schiffvormontage zu erkennen. Bei dem Schiff rechts dürfte es sich um den Phosphorsäuretanker Maknassy handeln, der die Baunummer 763 hatte.
(Foto: VOSTA LMG)

Der Gastanker Wesergas hatte die Baunummer 769 und wurde 1982 gebaut. Für den Einbau der Tanks hatte sich die Werft Unterstützung durch den Schwimmkran Magnus I geholt.
(Foto: VOSTA LMG)

Das Luftbild aus dem Jahre 1981 zeigt das Verwaltungsgebäude sowie den Helgen. Einer der frühen Wolff-Krane ist im Jahre 1981 auch noch an der rechten Kaifront zu erkennen.
(Foto: VOSTA LMG)

Im Helgen lag 1984 ein Laderraumsaugbagger in der Montage. Der Bagger verfügte über einen Laderraum, der nach unten entleert wurde.
(Foto: VOSTA LMG)

Im Freien vor den Hallen befand sich das Blechlager. Die Aufnahme entstand in dem Jahr, als der Schiffbau aufgegeben wurde.
(Foto: VOSTA LMG)

Oben: Bis etwa 1985 wurden die Getriebe in Lübeck gebaut. Danach wurde die Produktion nach Dortmund verlagert. In dem Hallenbereich wurden bei Orenstein & Koppel und den Nachfolgeunternehmen in Dortmund die großen Miningbagger produziert. *(Fotos: VOSTA LMG)*

Rechts: Beeindruckend sind die Dimensionen der gigantischen Bauteile. Hier entsteht 1993 ein Laufrad. *(Foto: VOSTA LMG)*

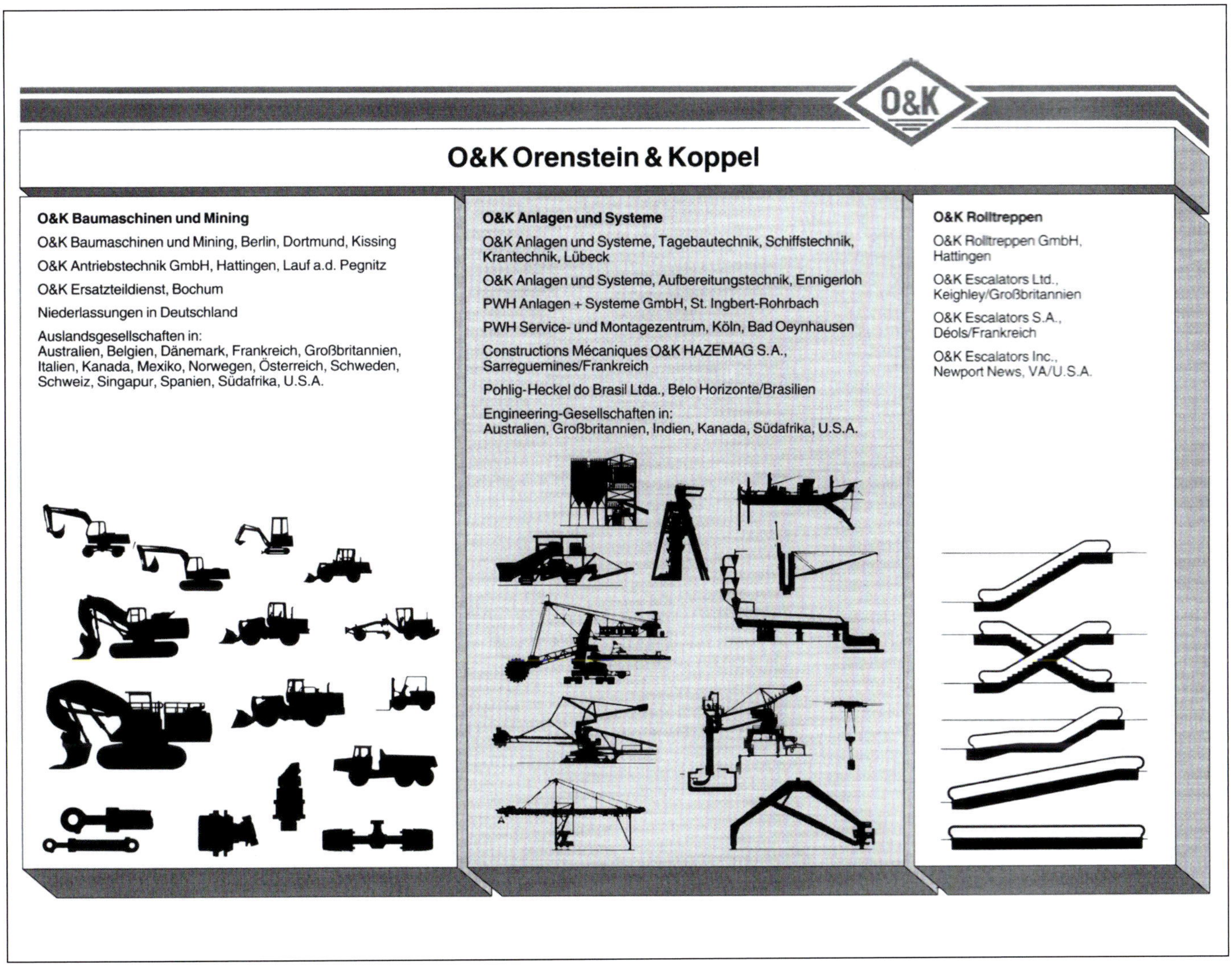

O&K

O&K Orenstein & Koppel

O&K Baumaschinen und Mining

O&K Baumaschinen und Mining, Berlin, Dortmund, Kissing

O&K Antriebstechnik GmbH, Hattingen, Lauf a.d. Pegnitz

O&K Ersatzteildienst, Bochum

Niederlassungen in Deutschland

Auslandsgesellschaften in:
Australien, Belgien, Dänemark, Frankreich, Großbritannien, Italien, Kanada, Mexiko, Norwegen, Österreich, Schweden, Schweiz, Singapur, Spanien, Südafrika, U.S.A.

O&K Anlagen und Systeme

O&K Anlagen und Systeme, Tagebautechnik, Schiffstechnik, Krantechnik, Lübeck

O&K Anlagen und Systeme, Aufbereitungstechnik, Ennigerloh

PWH Anlagen + Systeme GmbH, St. Ingbert-Rohrbach

PWH Service- und Montagezentrum, Köln, Bad Oeynhausen

Constructions Mécaniques O&K HAZEMAG S.A., Sarreguemines/Frankreich

Pohlig-Heckel do Brasil Ltda., Belo Horizonte/Brasilien

Engineering-Gesellschaften in:
Australien, Großbritannien, Indien, Kanada, Südafrika, U.S.A.

O&K Rolltreppen

O&K Rolltreppen GmbH, Hattingen

O&K Escalators Ltd., Keighley/Großbritannien

O&K Escalators S.A., Déols/Frankreich

O&K Escalators Inc., Newport News, VA/U.S.A.

Die Grafik zeigt die Neuausrichtung des Konzerns in die drei neuen Sparten. Die O&K-Anlagen und -Systeme mit den Schaufelradbaggern wurde dann an Krupp verkauft und die Rolltreppen gingen 1996 an Kone.

Oben links: Nachdem 1987 der Schiffbau eingestellt wurde, erfolgte 1994 der Abbruch des Helgen und des Verwaltungsgebäudes. Immerhin, neben dem schönen Demag B406 LC Seilbagger half auch ein RH9 von O&K. *(Foto: VOSTA LMG)*

Oben rechts: Das frühere Verwaltungsgebäude am Helgen beherbergte das Produktmanagement, den Vertrieb und die Konstruktion für den Schiffsbau. Im Lübecker Stadtzentrum befand sich zudem die Personalabteilung, der Einkauf, die Arbeitsvorbereitung und die Buchhaltung. In dem Gebäude ist heute das städtische Archiv untergebracht. *(Foto: VOSTA LMG)*

Links: Um 1997 erhoffte sich das Lübecker Werk neue Produktionsfelder durch die Kooperation mit dem Lübecker Windkrafthersteller DeWind. *(Foto: VOSTA LMG)*

2002 schloss sich die verbliebene LMG Marine Technology mit der VOSTA in Amsterdam zur VOSTA LMG B.V. zusammen. Die Produktprogramme ergänzten sich bestens und 2003 wurde dieser Pumpenträger montiert. *(Foto: VOSTA LMG)*

Der Auftrag für den Pumpenträger war nicht für einen Schwimmbagger, sondern er wurde für eine Pipeline benötigt. *(Foto: VOSTA LMG)*

Schwerer Stahlbau gehörte nach 1990 zum Angebot der LMG; die vorhandenen Hallenkapazitäten ermöglichten das Handling bis zu 135 t schwerer Komponenten. So wurde 1997 der Fähranleger am Skandinavienkai in Lübeck Travemünde in Betrieb genommen. *(Foto: VOSTA LMG)*

1999 lief der größte Hopperbagger, die „Vasco da Gama", bei der ThyssenKrupp-Werft in Emden vom Stapel. Das Baggerschiff wurde in Lübeck konstruiert. *(Foto: VOSTA LMG)*

Kleines Bild: Die Wadreco war 2003 der erste Bagger des neuen Unternehmens VOSTA LMG, hier beim beeindruckenden Stapellauf. Das Schiff hatte die Baunummer 819 und war 60 m lang. Der Laderraum besaß eine Kapazität von 1.500 m³ oder 1.760 t. Großes Bild: Das Baggerschiff konnte bis zu einer Tiefe von 21 m baggern. 13 Mann Besatzung sorgten für einen reibungslosen Betrieb des Baggers. *(Fotos: VOSTA LMG)*

Die Daniel Laval mit der Baunummer 816 wurde 2002 für den Betreiber Dragages Ports in Frankreich ausgeliefert. Das 104 m lange Schiff verfügte insgesamt über 7.490 kW Motorleistung; der Laderaum konnte 5.000 m³ fassen. *(Foto: VOSTA LMG)*

Im Dezember 2004 verließ die VOSTA LMG GmbH die Räume in der Einsiedelstraße und bezog neue Büroräume direkt in der Lübecker Innenstadt. *(Foto: VOSTA LMG)*

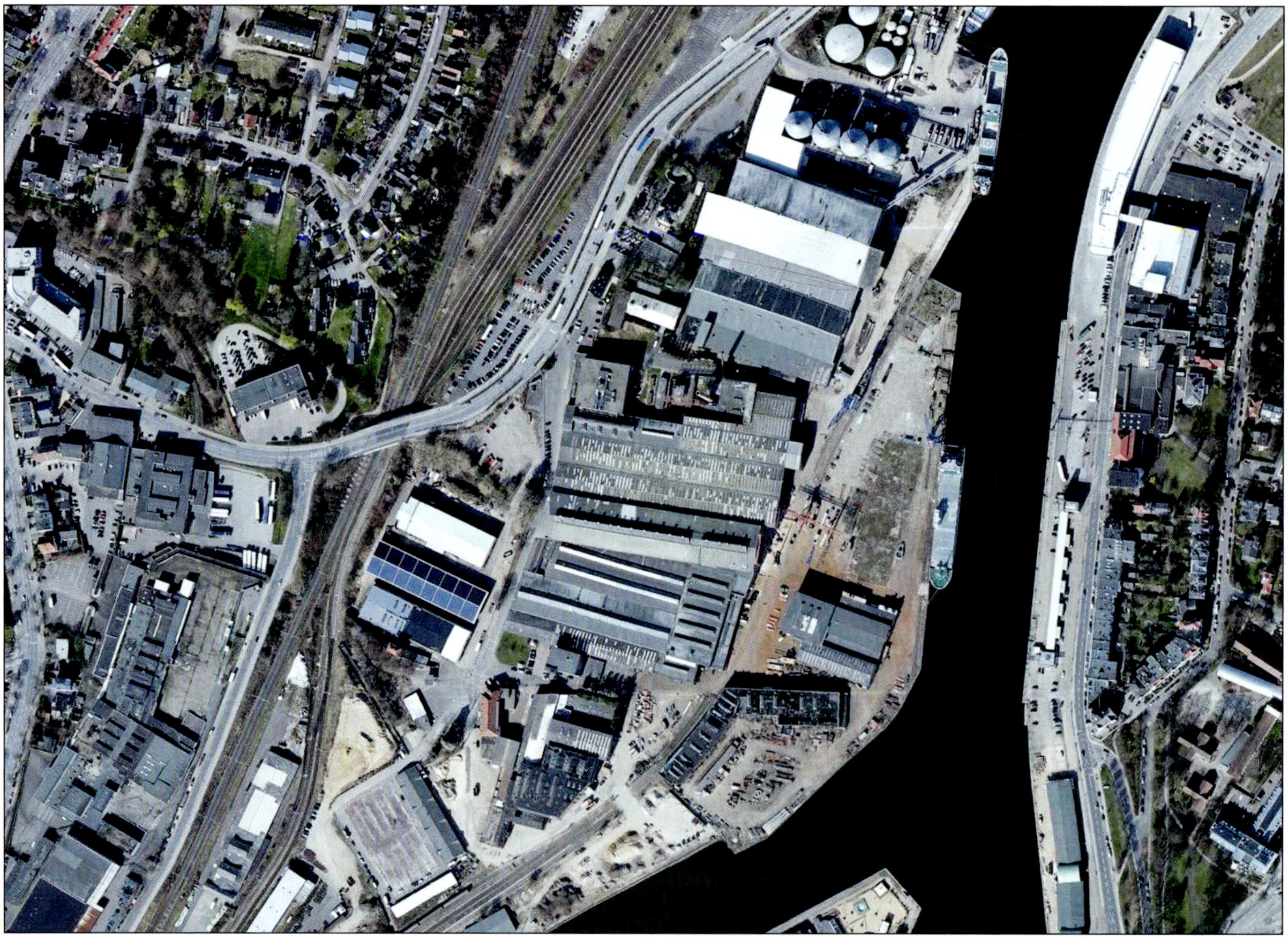

Die Luftaufnahme zeigt das ehemalige Werksgelände im Jahre 2012. Gut zu erkennen ist der ehemalige Bereich des Helgen und der früheren Verwaltung sowie die Einsiedelstraße mit Firmenparkplatz und dem vorderen Verwaltungsgebäude. *(Foto: VOSTA LMG)*

Das Lübecker Werksgelände als eines der ältesten Industriegelände in Schleswig-Holstein existiert heute noch. Lange Zeit waren von diesem Blick aus auch die zahlreichen Schiffe von Orenstein & Koppel und Lübecker Maschinenbau Gesellschaft zu sehen.
(Foto: Ulf Böge)

Der ältere südliche Teil des Werksgeländes an der Trave, der teilweise einen Baubestand von 1870 hat, wurde ab 2014 zu einem Veranstaltungszentrum umgebaut. Beide Aufnahmen entstanden Pfingsten 2020. Auch die beiden Werftkrane sind noch vorhanden.
(Foto: Ulf Böge)

Heute sind die roten Baumaschinen von Orenstein & Koppel leider nur noch selten anzutreffen. Dieser Mobilbagger MH 6 aus früherer Berliner Produktion war im Sommer 2019 auf einer Kanalbaustelle in Bochum im Einsatz.

Der Schiffbau

Kapitel 2

Der Schiffbau hatte in Lübeck ebenfalls eine sehr lange Tradition, was aufgrund der Küstennähe natürlich auch auf der Hand lag. Und so war Orenstein & Koppel und die Lübecker Maschinenbau Gesellschaft über lange Jahre ein großer Name im deutschen Schiffbau. Den Anfang hier machten um 1900 zunächst Eimerkettenschwimmbagger und diese waren auch Ausgangspunkt für die späteren erfolgreichen Schiffe. Auch der Schwimmbaggerbau wird im zweiten Band ausführlich dargestellt.

Denn die großen Laderraumsaugbagger mit eigenem Fahrantrieb verlangten nicht nur gute Baggerbauingenieure, sondern auch erfahrene Schiffsbaukonstrukteure. Um 1920 hatte der verantwortliche Schiffsbauoberingenieur der LMG, Karl Zickerau, ein Team aufgebaut und setzte den nächsten Schritt vom selbstfahrenden Bagger zum richtigen Schiff um. Und so lieferte das Werk Lübeck 1921 den ersten von vier 2500-t-Frachtdampfern an die Reederei Joh. M.K. Blumenthal in Hamburg. Die Schiffe waren erfolgreich und es folgten weitere an namhafte deutsche Reedereien wie Knöhr & Burchard, Hamburg-Amerika-Linie, die Oldenburg Portugiesische Dampfschiff Reederei oder F.A. Detjen.

Ab Anfang der 1920er-Jahre kamen dann auch erste Frachtdampfer hinzu. Fortan gehörten zum Produktprogramm Fracht- und Spezialschiffe sowie Schwimmbagger. Dazu zählten Tanker, Containerschiffe und auch Fährschiffe.

Zahlreiche technische Entwicklungen im Schiffbau wurden in Lübeck erfolgreich entwickelt; so wurde 1925 im 3500-tdw-Dampfschiff „Dan" ein neuartiges Profilruder eingebaut. Die Abkürzung „tdw" steht für „tons deadweight" und bezeichnet bei Schiffen die Zuladefähigkeit in Tonnen. Das Schiff lief durch das Ruder einen halben Knoten (also ungefähr einen Kilometer pro Stunde) mehr als das vergleichbare Schwesterschiff mit herkömmlichem Ruder. Beide Schiffe wurden im Auftrag der Dania Reederei gebaut.

Das Profilruder geht auf Max Oertz zurück, einen seinerzeit bekannten Yachtkonstrukteur. Das Ruder erzeugte hinter dem fahrenden Schiff durch Verminderung der Wasserwirbel, die der laufende Schiffspropeller hinter dem

Bereits um 1901 wurden in Lübeck Schiffe gebaut. Im Bild zu sehen sind zwei frühe Schwimmbagger vor 1908, natürlich noch mit Dampfantrieb.

Auch Schlepper gehörten zum frühen Produktprogramm der LMG. Der Hochseeschlepper Falkenstein wurde 1913 mit der Baunummer 128 an die Neue Dampfer Co. Kiel ausgeliefert.

Die Blumenthal war 1921 ein Frachtdampfer aus einer Serie von vier Frachtdampfern mit je 2.400 t Tragfähigkeit. Das Schiff mit der Baunummer 154 wurde an die Blumenthal Reederei ausgeliefert.

fahrenden Schiff erzeugt, eine günstigere Propellerleistung und eine höhere Schiffsgeschwindigkeit. So wurde vor allem ein deutlich verkleinerter Drehkreis des Schiffes erreicht. Heute hat sich dieses Ruder bei nahezu allen Schiffen durchgesetzt.

1936 folgte eine weitere Innovation mit dem Frachtdampfer „Nordcoke", der erstmalig einen großen Faltlukendeckel erhielt. Die Öffnungszeiten ließen sich dadurch auf knapp acht Minuten reduzieren, was einen deutlichen Bruchteil zu den vorher üblichen Deckeln und Schiebebalken bedeutete.

Eine weitere wichtige Innovation im Bereich des Schiffbaus war zum Beispiel auch das Querstrahlsteuer, K-Strahler genannt. Diese Manövrierhilfe für Schiffe besteht aus einem quer im Schiff eingebauten Unterwassertunnel mit einem Propeller darin. So werden alle Bewegungsmanöver wesentlich leichter auf engstem Raum möglich.

Die Einführung dieser Steuer erfolgte bereits 1954 und O&K produzierte diese dann ab 1963. Bis 1975 konnten 350 Einheiten bis 1800 PS Leistung ausgeliefert werden.

Ein wichtiger Meilenstein für die LMG war auch das Jahr 1972, genauer gesagt der 1. Juni. An diesem Tag lief in Lübeck die „Edith Howaldt Russ" vom Stapel. Das Schiff mit der Baunummer 688 war 134 m lang, 21,5 m breit und für 360 20-Fuß-Container ausgelegt.

In den Anfangsjahren nach 1900 wurden noch zumeist Schwimmbagger gebaut. Dieser Schwimmbagger Spüler II ging 1907 mit der Baunummer 78 an die Wasserbauinspektion Emden und konnte stündlich 600 m³ fördern. Ein zweiter Bagger mit der Baunummer 79 folgte im selben Jahr. (Foto: VOSTA LMG)

Das Dampfschiff Netap verließ die Lübecker Kaianlagen der LMG im Jahr 1924. (Foto: VOSTA LMG)

Mit der Baunummer 344 wurde 1934 der Frachtdampfer Wiking an die Lübeck Linie ausgeliefert. (Foto: VOSTA LMG)

1939 wurde das Dampfschiff Dalbek ausgeliefert. Es könnte die Baunummer 389 gehabt haben; leider war der Name in der Bautenliste kaum lesbar. (Foto: VOSTA LMG)

Im Jahre 1944 lieferte die Lübecker Maschinebau Gesellschaft die Sanga aus. Auch hier war die Bautenliste nur schwer lesbar, die Baunummer müsste zwischen 400 und 430 gelegen haben. *(Foto: VOSTA LMG)*

Im Jahre 1950 wurden die Harald Schröder (Baunummer 440) und die Charlotte Schröder mit der Baunummer 436 an die Hamburger Reederei Schröder ausgeliefert. Die Schiffe waren 87 m lang, 13 m breit und hatten 5,4 m Tiefgang. *(Foto: VOSTA LMG)*

Mit der Baunummer 513 wurde 1956 die Tuloma ausgeliefert. Das 111 m lange Motorschiff war 14 m breit und hatte 6,3 m Tiefgang; Kunde war eine Reederei in Wladiwostok. Das Kühlfrachtschiff wurde von einem MAN-Dieselmotor mit 3.120 PS angetrieben. *(Foto: VOSTA LMG)*

Die Sumatra II war 1956 der größte Saugbagger im Fernen Osten, hier auf Probefahrt in Travemünde. Der dieselelektrische Schleppkopf-Hoppersaugbagger hatte 3.000 m³ Laderauminhalt und wurde mit der Baunummer 516 nach Indonesien geliefert.

Der Schwimmbagger Rudolf Schmidt war 113 m lang und 18 m breit bei 6,2 m Tiefgang und 12,6 Knoten Geschwindigkeit. Das Schiff hatte die Baunummer 535 und wurde 1960 an die Wasser- und Schifffahrtsdirektion Aurich geliefert. *(Foto: VOSTA LMG)*

Die Reederei F.A. Detjen aus Hamburg erhielt 1961 das Motorschiff Rhein mit der Baunummer 575. Das Schiff war 129 m lang und 17 m breit bei 8 m Tiefgang. Das Frachtschiff verfügte über einen MAN-Dieselmotor mit 5.400 PS. *(Foto: VOSTA LMG)*

Auch Fährschiffe bis 1.200 Personen wurden erfolgreich in Lübeck gebaut. Die Gedser und die Travemünde hatten die Baunummern 589 und 596 und wurden 1963 und 1964 in Dienst gestellt. Eigner war die Moltzau Reederei und die Schiffe fuhren zwischen Travemünde und dem dänischen Gedser. *(Foto: VOSTA LMG)*

1962 lag die Nasia River im Lübecker Helgen. Die Aufnahme in Farbe zeigt den Zeitgeist der 1960er-Jahre mit dem kleinen mobilen Seilbagger LS 041. *(Foto: VOSTA LMG)*

Das Motorfrachtschiff Nasia River hatte die Baunummer 569 und ging an die Black Star Line in Accra/Ghana. Bei 8,4 m Tiefgang war das Schiff 140 m lang und 8,4 m breit. Die Geschwindigkeit betrug 15,2 Knoten, angetrieben von 4.500 PS. *(Foto: VOSTA LMG)*

Die Thoresen Car Ferries bekamen 1965 das Motorschiff Viking III. Das Schiff hatte die Baunummer 618 und war mit 99 m Länge deutlich kürzer. Die beiden Pielstick-Dieselmotoren sorgten mit 10.200 PS für bis zu 19,5 Knoten Geschwindigkeit. *(Foto: VOSTA LMG)*

Das Motorschiff Subarna Rekha war ein Baggerschiff, das mit der Baunummer 640 im Jahre 1966 nach Kalkutta ausgeliefert wurde. Die beiden MAN-Dieselmotoren leisteten 2.046 PS. Der Laderaum hatte eine Kapazität von 1.274 m^3. 51 Mann Besatzung waren an Bord. *(Foto: VOSTA LMG)*

Mit der Baunummer 688 wurde 1972 die Edith Howaldt Russ an die Hamburger Seereederei Ernst Russ übergeben. Es war im selben Jahr das größte Schiff, was Orenstein & Koppel je gebaut hatte. 1999 gelangte es dann nach China, wo es verschrottet wurde.

Das Schiff gehörte zu einer Serie von Mehrzweckfrachtern, die zwischen 1972 und 1976 gebaut wurden. Hier ist das Schiff für den Stapellauf vorbereitet.

Am 2. September 1973 lud das Werk Lübeck zum Tag der offenen Tür ein. Besucher konnten sich einen Einblick ins Werk und die Produkte verschaffen. Die Lübecker nahmen die Möglichkeit auch begeistert an, denn das Kundenmagazin O&K Contact berichtet, dass der Küchenchef ordentlich ins Schwitzen kam. So wurden fast 4.000 Portionen Erbsensuppe ausgegeben.

1975 wurde in der Lübecker Werft die Quimico Lisboa mit der Baunummer 707 in acht Monaten fertiggestellt. Der Chemikalientanker verfügte über acht 4150-m³-Edelstahltanks. Im Bild ist auch gut der Tunnel des Querstrahlruders zu sehen.

Die größten Schiffe der LMG waren die beiden 14.883-tdw-Containerschiffe Sovereign Express (Baunummer 715) und Sovereign Accord (Baunummer 716), die 1976 an die Mitsui Reederei in Amsterdam geliefert wurden. Die Pielstick-Dieselmotoren in beiden Schiffen leisteten 9.630 PS. *(Foto: Dirk Bömer)*

Neben Personenschiffen baute die Lübecker Werft auch Kreuzfahrtschiffe. Die Freeport mit der Baunummer 658 wurde 1968 in Dienst gestellt. Eigner war die Freeport Cruisis Lines auf den Bahamas. Mit den installierten 16.000 PS waren Geschwindigkeiten bis zu 21,4 Knoten oder 40 km/h möglich.

Die Kopenhagen wurde 1966 mit der Baunummer 622 an die Norske Köbenhavn Line in Oslo ausgeliefert. Die 3.500-BRT-Fähre war 94 m lang und 16,2 m breit. 6.500 PS leisteten die Pielstick-Motoren hier.

Die Quimico Lisboa hatte eine Nutzlast von 6.418 t. Für den Antrieb war ein 4000-PS-MAK-Dieselmotor installiert. Das Schiff mit Baunummer 707 wurde 1975 nach Lissabon geliefert.

Das Schiff war das bis dato größte Frachtschiff der O&K-Werft in Lübeck und viele Jahre erfolgreich im Einsatz.

Mit der Edith Howaldt Russ startete Orenstein & Koppel/LMG auch die neue MPF-12-Baureihe. Diese wurde in den Jahren von 1972 bis 1976 gebaut. MPF stand für „Multi-purpose freighter“ oder Mehrzweckschiff. Diese Baureihe hatte Containerkapazitäten bis zu 700 Stück. Heute liegen die Kapazitäten der bis zu 400 m langen Containerschiffe bei über 20.000 Containern; allerdings ist natürlich der internationale Warenverkehr auf den Weltmeeren heute ein ganz anderer.

Die größten Schiffe der LMG waren die beiden 14.883-tdw-Containerschiffe Sovereign Express (Baunummer 715) und Sovereign Accord (Baunummer 716), die 1976 an die Mitsui Reederei in Amsterdam geliefert wurden. Für den Hauptantrieb sorgte ein OEW-Pielstick-Dieselmotor mit 18 Zylindern und 9.630 PS bei 520 Umdrehungen pro Minute.

Pielstick war ein französischer Motorenhersteller, der heute zu MAN gehört. Drei zusätzliche Dieselgeneratoren von MWM mit je sechs Zylindern und 775 PS bei 900 Umdrehungen waren für den Hilfsantrieb zuständig. Beide Schiffe wurden Anfang 2000 jedoch verschrottet.

Insgesamt baute die Orenstein & Koppel AG und Lübecker Maschinenbau Gesellschaft elf Einheiten dieses MPF-12-Containerschiffes, von denen lediglich die Pelagos (Baunummer 712) und Anemos (Baunummer 713) zumindest Anfang 2020 noch in Dienst waren.

Links: 1978 wurde das Motorschiff Flensau an die Reederei Nissen KG in Flensburg ausgeliefert. 166 m war das Schiff lang und 17 m breit. Es hatte die Baunummer 748. Der MAK-Dieselmotor leistete 4.000 PS. Rechts: Das 4.950-BRT-Schiff war mit einer Geschwindigkeit von 15 Knoten unterwegs. Kunde war die Seereederei Rolf-Dieter Nissen KG in Flensburg. *(Fotos: VOSTA LMG)*

Die LMG war aber auch eine gute Adresse für Sonderkonstruktionen. Es entstanden dabei auch spezielle Schiffe wie der Taucherschacht „Carl Straat". Die LMG erhielt den Auftrag für dieses neuzeitliche Bergungsfahrzeug im April 1962 von der Wasser- und Schifffahrtsdirektion Duisburg. In seiner Art blieb es das einzige weltweit. Die Baukosten betrugen 1963 fast 8,5 Millionen DM.

Die Aufgabe bestand darin, im Bereich der Schifffahrtsrinne Hindernisse wie Anker oder Trümmer zu räumen; nach Indienststellung waren dies allerdings vorwiegend noch Kriegstrümmer. Später verlagerten sich die Einsätze auf reine Unterhaltungsarbeiten auf der Stromsohle.

Eine Glocke konnte dabei bis auf 10 m Tiefe herabgelassen werden und ein Luftüberdruck verhinderte ein Eindringen von Wasser. Über eine Schleuse, in der der Luftdruckunterschied ausgeglichen wurde, konnten Personen die Glocke betreten und Objekte unter Wasser „trockenen Fußes" inspizieren. Sie bot Platz für zehn Mann und über einen Flaschenzug innerhalb konnten diese Hindernisse dann weggeräumt werden.

Oben: Das Bundesernährungsministerium erhielt 1981 das Motroschiff Seefalke. Das Schiff kam im Fischereischutz zum Einsatz. Die MWM (Motorenwerke Mannheim) lieferten zwei Dieselmotoren mit jeweils 1.860 PS. *(Foto: VOSTA LMG)*

Rechts: Das Schiff besaß einen Hubschrauberlandeplatz und hatte die Baunummer 760. Mit 83 m Länge und 13 m Breite gehörte es zu den mittleren Schiffsgrößen. *(Foto: VOSTA LMG)*

1982 stand im Helgen die Schiffstaufe der Maknassy auf dem Programm. Das 11.197-BRT-Tankschiff war 158 m lang und 23 m breit. *(Foto: VOSTA LMG)*

Das Foto zeigt die Deckansicht des Schiffes mit der Baunummer 763. Es wurde an ein Chemieunternehmen aus Tunis geliefert. *(Foto: VOSTA LMG)*

Anhand der Person im Laderraum der Maknassy kann gut der riesige Raum erahnt werden. *(Foto: VOSTA LMG)*

Der Blick zeigt die Messe der Maknassy. Im typischen Stil der frühen 1980er-Jahre war dieser Gemeinschafts- und Essensraum ausgestattet. Natürlich fehlten auch die Aschenbecher mit O&K-Logo nicht. *(Foto: VOSTA LMG)*

Im Jahre 1990, 27 Jahre nach Auslieferung, war das Schiff immer noch erfolgreich im Einsatz. Und auch 2018 war für die Carl Straat noch gut zu tun. Nach nunmehr fast 60 Jahren Einsatz wurde aber im November 2018 ein Ersatzbau für 23 Millionen Euro in Auftrag gegeben, dessen Auslieferung für 2020 geplant war.

Übrigens hatte die Carl Straat sogar einen Auftritt im Ludwigshafener Tatort. In der Folge „Hauch des Todes" von 2010 mit den Kommissaren Lena Odenthal und Mario Kopper ist die Glocke und der Aufstieg in mehreren Szenen zu sehen.

So war O&K lange Zeit ein großer und bedeutender Name im deutschen Schiffbau und Reeder konnten in Lübeck bis zu einer bestimmten Größe eigentlich alles bestellen, was das Reederherz wünschte.

Das Schiff mit der Baunummer 500 ging zum Beispiel 1956 an die Hamburger Reederei Blumenthal und hörte auf den Namen Hannah Böge. 1962 erhielt das traditionsreiche Bauunternehmen

Philip Holzmann das Baggerschiff Titan mit der Baunummer 576.

Sonst gingen die Schiffe in nahezu alle Länder der Welt, nach Indonesien oder Israel, nach Neuseeland oder Kamerun, aber auch Russland, Dänemark oder Venezuela finden sich in den Lieferlisten.

Etwa 800 Schiffe, davon rund 400 Schwimmbagger und knapp 15 Schwimmkräne wurden bis Mitte der 1990er-Jahre ausgeliefert. Die ersten beiden seegehenden Schiffe wurden ab Juli 1917 mit den Baunummern 143 und 144 konstruiert.

Dennoch, der Wettbewerb im Schiffbau ab 1980 war hoch und wuchs zunehmend. Schiffe wurden deutlich günstiger in Fernost gebaut. Daher endete im Jahr 1987 der traditionsreiche Schiffbau und als letztes Schiff lief die MS Vogelsand mit der Baunummer 778 vom Stapel. Eigner war hier die Bundesmarine.

So zitieren die Lübecker Nachrichten vom 15. April 1987 das O&K-Management mit den Worten: „Wir verabschieden uns vom Schiffsneubau mit Wehmut, aber ohne Bitterkeit. Es macht keinen Sinn, Schiffskapazitäten aufrecht zu halten, die keiner mehr braucht.“ Für die Mitarbeiter in dem Bereich ein bitterer Tag, denn 500 Mitarbeiter wurden entlassen.

Die Bellatrix gehörte zu den kleineren Mehrzweckfrachtern des Typs MPF 8 und war für 270 Container ausgelegt. 6.000 PS Motorleistung sowie zwei O&K Gemini Doppelbordkrane mit je 16 t Tragkraft sowie ein 16-t-Einzelkran waren installiert. Das Schiff mit der Baunummer 678 wurde 1971 an die Reederei Blumenthal in Kiel geliefert.

Die Baureihe der Containerschiffe enthielt ebenfalls Schiffe für Kühl- und Standardcontainer. Von 422 möglichen Containern konnten 144 als Kühlcontainer transportiert werden. Die Columbus Caribic wurde unter der Baunummer 700 ursprünglich als Tristan 1974 ausgeliefert.

Die Alchimist Lausanne wurde 1974 an die Reederei Hamburger Loyd unter Cypriotischer Flagge geliefert. Das Schiff mit der Baunummer 705 hatte 3.891 BRT.

Die Reederei Rolf-Dieter Nissen aus Flensburg erhielt 1970 die Sonnholm. Das Schiff mit der Baunummer 670 war 116 m lang, 17 m breit und hatte 7,4 m Tiefgang Für ausreichend Leistung sorgte ein MAK-Dieselmotor mit 4.000 PS.

Ein absolut einzigartiges Spezialschiff war mit der Baunummer 587 die Carl Straat. Das Tauchschiff besaß eine absenkbare Tauchglocke, aus der Arbeiten am Grund durchgeführt werden konnten. Das Modell zeigte seinerzeit das Konzept des Unikates. *(Foto: VOSTA LMG)*

Im angehobenen Zustand ist gut die Taucherglocke, der Lauftunnel sowie der Führungsarm für die parallele Führung der Glocke zu erkennen. Abgelassen wurde diese per Flaschenzug. *(Foto: VOSTA LMG)*

Der Zugang zur Glocke erfolgte durch das Rohr, in dem Treppen samt Geländer installiert waren. *(Foto: VOSTA LMG)*

Gut erkennbar ist hier die herabgelassene Glocke samt reichhaltigem Platz dort. Links beginnt der Tunnel nach oben. Mit dem Kettenzug konnten dann schwere Dinge geborgen werden. *(Foto: VOSTA LMG)*

Kleines Bild: Das Taucherglockenschiff Carl Straat ist unterwegs auf dem Rhein im Jahre 2019. Benannt wurde es nach dem ersten Präsidenten der ehemaligen Wasser- und Schifffahrtsdirektion Duisburg (1946 bis 1953). Großes Bild: Die Taucherglocke konnte bis zu 10 m herabgelassen werden, so dass Arbeiten unter Wasser sicher möglich waren. Gut erkennbar ist der Flaschenzug. *(Fotos: WSV)*

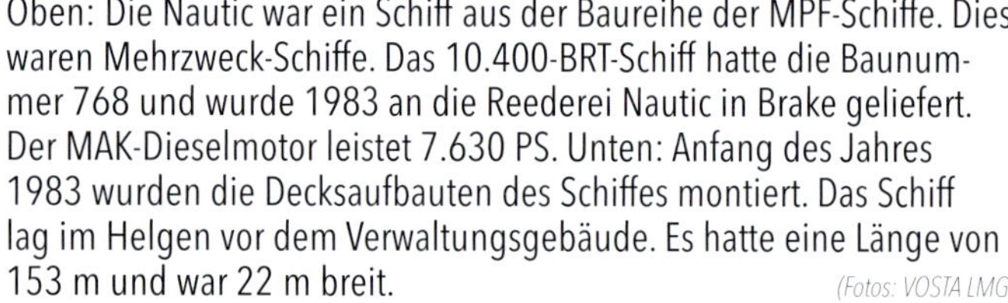

Oben: Die Nautic war ein Schiff aus der Baureihe der MPF-Schiffe. Dies waren Mehrzweck-Schiffe. Das 10.400-BRT-Schiff hatte die Baunummer 768 und wurde 1983 an die Reederei Nautic in Brake geliefert. Der MAK-Dieselmotor leistet 7.630 PS. Unten: Anfang des Jahres 1983 wurden die Decksaufbauten des Schiffes montiert. Das Schiff lag im Helgen vor dem Verwaltungsgebäude. Es hatte eine Länge von 153 m und war 22 m breit. *(Fotos: VOSTA LMG)*

Oben: Die Wesergas war ein 116 m langes Schiff für Gastransport, das 1983 an die Beilken Gas Loyd aus Elsfleth geliefert wurde. Das Schiff fährt hier an der Teerhofinsel in Lübeck vorbei. Eigner war die Reederei Peter Dörffler Schiffahrts KG aus Brake. Unten: Die Wesergas hatte die Baunummer 769. Die Breite betrug 17 m bei 8,2 m Tiefgang. Unterwegs war das Schiff mit bis zu 15 Knoten. *(Fotos: VOSTA LMG)*

Das Foto zeigt das Lübecker Werftgelände aus der anderen Richtung. Im Jahre 1987 endete der traditionsreiche Schiffbau bei Orenstein & Koppel. *(Foto: VOSTA LMG)*

Die Lübecker Radlader

Kapitel 3

Die Anfänge der Radlader bei O&K

Radlader waren bei Orenstein & Koppel immer ein zentraler Bestandteil im Produktprogramm, zumal der Schwerpunkt von Beginn an ausschließlich in der Erdbewegung gelegen hat. Radlader erlangten schnell den Ruf als kleine, fleißige Helfer auf allen Baustellen und so nahm Orenstein & Koppel die Produktion dieser kleinen Maschinen Mitte der 1960er-Jahre auf.

Der erste Radlader, der vom Band rollte, war der L 4. Ähnlich wie bei den Autoschüttern und Motraks saß der Fahrer hier noch seitlich neben dem Motor. Dies ermöglichte eine sehr kompakte Bauweise. Die mit Fahrerdach 2,8 t schwere Maschine erreichte so eine Länge von 3,8 m. Der kleine, 21 PS starke Deutz-Dieselmotor reichte für Fahrgeschwindigkeiten bis maximal 19,7 km/h aus, so konnten auch öffentliche Straßen befahren werden. Dies war für schnelle Baustellenwechsel vorteilhaft und ermöglichte einen wirtschaftlichen Einsatz auf vielen Baustellen an einem Tag.

1969 erweiterte Orenstein & Koppel die Radladerbaureihe und übernahm die Produktsparte der kleinen Raupen und Radlader von Rothe Erde Schmiedag in Hagen. Unter diesen Kleinbaumaschinen war auch ein Radlader, der den Bauunternehmen als Schmiedag R 500 bekannt war. Nach der Übernahme dieser Maschinen wurde der Lader bei Orenstein & Koppel noch bis in die 1970er-Jahre als L 5 weitergebaut. Mit seinen 3,8 t war der L 5 eine gute Ergänzung zum L 4.

Kamen diese Radlader noch aus Hagen bzw. nach der Schließung des Hagener Werkes aus dem Berliner Werk, so sollte Lübeck dann für die erneute Ergänzung der Radlader-Baureihe nach oben zuständig sein.

Die Lübecker Radlader

Anfang der 1970er-Jahre zählte die deutsche Bauindustrie noch über eine Millionen Beschäftigte in rund 15.000 Bauunternehmen, die Tendenz war aber sinkend. Insgesamt wurde mit weniger Beschäftigten von weniger Bauunternehmen mehr gebaut. Wie aber sollen sich die Bauunternehmen dabei helfen? Hierfür wurden leistungsfähige Maschinen benötigt.

Natürlich hatte Orenstein & Koppel auch hier eine Lösung. Das Werk Lübeck war durch die Neuausrichtung im Juli 1969 nun auch gut für eine serielle Fertigung ausgerichtet und so erfolgte die Endmontage im Werk Lübeck, während die Konstruktion der Radlader in Dortmund und Berlin erfolgte.

1971 hatten die Konstrukteure fleißige Arbeit geleistet und den beiden vorhandenen Radladern L 4 und L 5 zwei große Brüder an die Seite gestellt. In der Kundenzeitschrift „Contact" von 1972 werden die Konstrukteure mit der Frage zitiert, was ein Radlader zu leisten habe. Es herrschte Einigkeit und man gab zur Antwort: „Möglichst alles." Und das Ergebnis der Arbeiten aus Lübeck waren die Typen L 10 und L 15.

1972 war es dann soweit, die beiden neuen Maschinen konnten den Kunden und Journalisten präsentiert werden. Eingeladen wurden die Journalisten und Kunden dann zunächst ins

Kleinster Radlader aus dem übrigen Produktprogramm von Orenstein & Koppel war der 2,7 t schwere L 4. Mit Fahrerdach wog er 100 kg mehr. Ausgelegt war der kleine Lader als Unterstützung auf kleineren Baustellen zum Laden von Kies, Schotter oder Sand, zum Transportieren von Lasten mit Gabel im Garten- oder Landschaftsbau oder für einfache Planierarbeiten.

Links: Der L 4 wurde von einem 23 PS starken Deutz-Dieselmotor angetrieben. Zudem stand ein vielseitiges Ausrüstungsprogramm zur Verfügung, das von Schaufeln über Betonkübel oder Kehrmaschinen bis hin zum Anbaubagger AT 1 reichte, für den wiederrum verschiedene Löffel bereitstanden. Rechts: Der wendige Lader hatte eine Hubkraft in der Schaufel von 1400 kg bzw. 800 kg reiner Nutzlast. Ganz typisch ist dieser L 4 im Straßen- und Parkplatzbau im Einsatz.

Minibagger waren in der Zeit noch nicht vorhanden. Daher waren Radlader mit Anbaubagger oftmals eine willkommene Option, wenn Radlader und Bagger zu teuer waren. Der Anbaubagger AT 1 konnte 2,6 m tief baggern und hatte eine Reichweite von 3,9 m.

Links: Größter Radlader aus dem Hagener bzw. Berliner Programm war der bis zu 5,5 t schwere L 6. Angetrieben wurde er von einem 43 PS starken Deutz-Motor. Auch dieser L 6 arbeitet hier mit dem Anbaubagger AT 1 für 2,6 m Baggertiefe. Rechts: Da waren sie nun, die neuen Radlader aus Lübeck. Hier steht das Gerät zu Fotozwecken noch mit dem allerersten Kabinentyp auf dem Gelände.

Rechts: Der L 10 wog 6,6 t und wurde von einem 70-PS-Deutz-Motor angetrieben. Dieser Radlader arbeitet im Februar 1977 bei einer Baufirma in Frankfurt am Main.

Unten links: Gerade im Ruhrgebiet gab es in den frühen 1970er-Jahren viel zu tun für alle Baumaschinen. Im Juli 1972 war dieser Radlader mit Bauarbeiten an der Universität Dortmund beschäftigt. Zu schön sind diese alten Aufnahmen, wenn auch noch andere Fahrzeuge aus der Zeit zu sehen sind.

Unten rechts: Mit seiner 1-m³-Schaufel belud der L 10 diesen Magirus-Kipper von Teerbau. Teerbau ist heute Teil der Eurovia Gruppe im französischen Vinci Konzern.

Links: Ebenfalls im Juli 1972 arbeitete dieser L 10 auf einem Firmengelände, wahrscheinlich in Dortmund. Mit der Pendelachse dokumentiert der Lader beste Geländegängigkeit. Rechts: Eine typische Baustelle in den frühen 1970er-Jahren: beim Bau der Dortmunder Uni kamen Liebherr-Nadelauslegerkrane zum Einsatz. Für die Erdarbeiten sorgte dieser L 10.

Lübecker Werk, wo sie die beiden Neuen erleben konnten. Natürlich konnten auch die Besucher des parallel stattfindenden Norddeutschen Baumarktes in Neumünster die Radlader bestaunen. Diese Messe ist heute unter dem Namen „Nordbau" nach wie vor eine wichtige Messe für Baumaschinen in Norddeutschland.

Auch diese Maschinen waren mit einem Knickgelenk ausgerüstet. Zwei Hydraulikzylinder sorgten für eine optimale Beweglichkeit und beste Manövrierfähigkeit. So konnte beim L 10 über die äußere Schaufelkante ein Wendekreis von 4,58 m gemessen werden. Die Hinterachse war – wie bei allen Radladern – nach beiden Seiten pendelnd ge-

Links: Der L 10 hatte je nach Bodenverhältnissen eine Steigfähigkeit von bis zu 75 Prozent und war somit für Haldeneinsätze prädestiniert.
Rechts: Im Oktober 1972 galt es hier im Ennepe-Ruhr-Kreis beim Bau von Einfamilienhäusern das Gelände vorzubereiten und anschließend die Außenanlagen zu erstellen. Verschiedene Schaufelalternativen standen noch nicht zur Verfügung.

Links: Ab Mitte der 1970er-Jahre wuchs dann auch das Zubehörprogramm. Bei diesem Einsatz im Straßenbau ist der L 10 mit einer 0,8-m³-Klappschaufel ausgerüstet. So ist ein gezielteres Handling des Materials zum Beispiel beim Planieren möglich. Rechts: Auch eine Hochkippschaufel für sehr leichtes Material mit geringer Dichte war lieferbar. Diese besaß ein Schaufelvolumen von 3 m³.

lagert. Der Antrieb der Hydraulikpumpe erfolgte durch einen luftgekühlten, 70 PS starken Deutz-Dieselmotor. Damit konnte der etwa 7 t schwere L 10 den Einsatzort mit bis zu 34 km/h wechseln.

Der L 15 hatte 20 PS mehr und wog knapp 9 t. Die Hydraulikanlage besaß eine selbsttätige Leistungsregelung, die Arbeitsgeschwindigkeit der Ladeausrüstung passte sich dabei dem jeweiligen Arbeitseinsatz an. Die volle, der Ladeausrüstung zur Verfügung stehende Leistung wurde so ständig ausgenutzt. Die Arbeitsausrüstungen der Maschinen boten für jeden Einsatz das richtige Werkzeug. Lieferbar waren Lade- und Klappschaufeln sowie Traggabeln.

Links: Im April 1976 arbeitet dieser im Sägewerk der Firma Grot in Haiterbach. Wendig verlädt der L 10 die Holzstämme mit seiner Holzgabel. Die Kapazität von Holzgabeln oder Holzgreifern wird übrigens in Quadratmetern angegeben, da unterschiedliche Längen gehandelt werden und das Volumen somit nie einheitlich wäre. Rechts: Voll beladen bringt der L 10 die Holzstämme zur Aufgabe. Die maximale Nutzlast betrug 2 t, wobei hier noch die Schaufel oder die Holzklammer zu berücksichtigen ist.

Links: Nächst größerer Radlader war der L 15, der hier im Lübecker Werk fotografiert wurde. Der luftgekühlte Deutz-Dieselmotor leistete 88 PS. Mit dem L 10 und dem L 15 legte Orenstein & Koppel nun den Grundstein einer umfangreichen Radladerbaureihe. Rechts: Kraftvoll wurde er bei den ersten Fotoaufnahmen in Lübeck in Szene gesetzt.

Die Schnelligkeit der Maschinen kam insbesondere beim Einsatz in der Recyclingindustrie zum Tragen. Ein Radlader L 10 arbeitete 1980 in Moosbach nahe München. Hier war die Maschine Herr über Tausende von Flaschen. Denn seine Aufgabe bestand im Handling von grünen, braunen und weißen Flaschen. Der L 10 hielt die Glasflaschen ordentlich in den Boxen zusammen und verlud sie anschließend in Waggons der Deutschen Bundesbahn, die das Glas zur Weiterverarbeitung in die Oberland-Glas-GmbH nach Ravensburg brachte. Dort wurde das Material weiterverarbeitet und man konnte anschließend Limonaden oder Bier aus neuen Flaschen genießen.

Links: Im Holzwerk der Firma Züfle in Mitteltal galt es Stämme zu transportieren. Der bis zu 9,3 t schwere Lader konnte maximal 36 km/h im vierten Gang fahren. Rechts: Beworben wurde die Holzklammer in einem speziellen Prospekt für die neuen Lader mit dem Zusatz „O&K für Stamm-Kunden". Die Stammholzzange hatte eine Kapazität von 0,6 m²; über die vorhandene Schnellwechselvorrichtung konnte das Werkzeug schnell getauscht werden.

Links: Im August 1977 war dieser L 15 auf einer Baustelle mit Erdarbeiten beschäftigt. Zwischen den vielen schönen Nadelauslegerkranen sorgt er für die Instandhaltung der Wege und hilft bei einfachen Erdarbeiten. Rechts: In einer Holzfabrik in Hirschberg arbeitet der L 15 mit Hochkippschaufel und Schnellwechselvorrichtung. Je nach Materialdichte hatte diese eine Kapazität von 3 oder 4 m³.

Im Jahre 1973 wurde der L 10 sogar im fernen Japan produziert. Man hatte mit der Sahai Heavy Industries Ltd. in Tokio einen Lizenzvertrag für den Bau und Vertrieb des neuen Radladers abgeschlossen.

So bestand Anfang der 1970er-Jahre die Baureihe der Radlader nun aus vier Geräten, für viele Einsatzfälle die richtige Maschine. Für schwerere Einsätze mit größeren Maschinen wurden natürlich auch größere Lader entwickelt.

Bereits auf der Bauma 1973 präsentierte Orenstein & Koppel auf dem 3.200 m² großen Stand erstmalig eine komplette Baureihe von Radladern. Diese 17. Bauma wurde 1973 sogar vom damaligen Bundesbauminister Dr.

Links: Im November 1976 unterstützt der L 15 auch im Tiefensteiner Granitwerk bei der Lkw-Beladung. Mittlerweile stehen auch verschiedene Schaufelgrößen von 1,3 bis 1,7 m³ zur Verfügung. Rechts: Ebenfalls im Haldeneinsatz demonstriert der neue L 15 seine Geländetauglichkeit. Steigungen bis zu 75 Prozent waren eine Leichtigkeit für den wendigen Allrounder.

Hans-Joachim Vogel besucht, der mit dem damaligen O&K-Vorstand sprach.

Die komplette und neue Baureihe bestand nun aus den bekannten Maschinen L 4, L 10 und L 15, neu hinzu kamen der L 6 aus Berliner Produktion, der L 20 und der L 25 aus Lübeck. „Endlich alles aus einer Hand, O&K macht es richtig – die Maschinen wachsen mit den Betrieben und Aufgaben", wurden damalige Kunden zitiert.

Die Produktvorteile waren vielfältig und so nennt ein Bericht zu dieser Bauma unter anderem folgende Vorteile:

- Alle Lader werden durch bewährte Deutz-Motoren mit einer Leistung von 24,5 PS bis 168 PS angetrieben. Sie haben Allradantrieb und Knickrahmenlenkung.
- Vom L 10 an aufwärts erfolgt der Antrieb über Drehmomentwandler und Lastschaltwendegetriebe. So sind die Zeiten des lästigen Kuppelns und Schaltens vorüber.
- Vom L 15 an aufwärts haben alle Lader eine leistungsgeregelte Arbeitshydraulik, was damals neu in der Branche war. Unter ständiger Ausnutzung der Motorleistung passt sich die Arbeitsgeschwindigkeit automatisch dem jeweiligen Arbeitswiderstand an.

Letzter Neuzugang bei den Radladern war Ende der 1970er-Jahre der 10,5 t schwere L 18. Angetrieben wurde er von einem 112 PS starken luftgekühlten Deutz-Dieselmotor.

Ausgerüstet mit der sogenannten Z-Kinematik an der Ladeausrüstung und Doppelzylindern ab dem L 10 erzielten die Radlader hohe Losbrechkräfte und Schaufelgeschwindigkeiten. Ein wirtschaftlicher Einsatz war so jederzeit möglich, weil die Maschinen selten stillstanden und die Brecher oder Transportfahrzeuge ständig beladen werden konnten.

Nach der Bauma 1973 war die Resonanz auf die Radlader sehr gut und das Fazit nach der Messe war durchweg zufriedenstellend. Der L 20 war ein Radlader der Mittelklasse, anfangs mit einer Leistung von 130 PS, die 1977 auf 144 PS erhöht wurde. Als Spezialist für Sand- und Kiesgruben war das Gerät dort in seinem Element. Aber auch auf Großbaustellen oder in Sägewerksbe-

Links: Im vierten Gang konnte der wendige Radlader bis zu 35 km/h vorwärts fahren. Rückwärts waren im dritten Gang immerhin noch 25 km/h möglich.

Oben: Und dass die Baumaschinen von Orenstein & Koppel robust und langlebig sind, war bekannt. Dies zeigte sich auch im Jahre 1996. Denn im fernen Gizeh wurden im selben Jahr bei der Pyramidenrestaurierung zwei über 15 Jahre alte O&K-Maschinen eingesetzt: dieser L 18 ohne Fahrerhaus und ein Autokran TH 18.

trieben zur Verladung von Hackschnitzeln fühlte sich der L 20 zu Hause. Typisch bei der Maschine war auch die auf dem Vorderwagen angeordnete Kabine, diese war auch beim 15 t schwere L 25 dort montiert.

Klassische Einsatzgebiete für diese Maschine waren auch Steinbrüche, wo große Brecher ständig mit Material zu versorgen waren, damit sie nicht stillstanden, so auch in dem Steinbruch des Schweizer Bauunternehmers Pius Schmid aus Visp im Kanton Wallis. Warum wurde der L 25 für die Beschickung der Brecheranlage im Steinbruch bei Raron ausgewählt? Die Antwort des Bauunternehmers war: „Von der Größe her am besten geeignet."

In dem Pressebericht von 1978 erfahren wir aber auch noch einiges über das schöne Urlaubsland Wallis. Umrahmt von den großen Viertausendern Matterhorn, Dent Blanche, Grand Combin und Dom bietet es viele Möglichkeiten für die Skifahrer, Bergwanderer und Tourenskifahrer in den zahlreichen Skigebieten. Ob da wohl der zuständige Redakteur ein wenig ins Träumen geriet?

Doch noch war die Entwicklung der Radlader nicht am Ende angekommen und zur Hannover Messe 1976 und auch ein Jahr später auf der Bauma 1977 konnten wieder zahlreiche Neuerungen präsentiert werden. Unter diesen ist auch der L 40, der bislang größte Radlader von Orenstein & Koppel. Der luftgekühlte Deutz-Motor mit der Bezeichnung F 12 L 413 lieferte dem 27 t schweren Giganten kraftvolle 300 PS, so waren immerhin schnelle 34 km/h vorwärts und rückwärts erreichbar. Der Lader bot eine Nutzlast von 8,4 t oder einen Schaufelinhalt von 4,2 m^3. Damit konnte der L 40 auch schwere Steinblöcke in seinen Einsatzgebieten, den Steinbrüchen, scheinbar mühelos bewegen. Die leistungsgeregelte Hydraulik nutzte die volle zur Verfügung stehende Motorleistung entsprechend den Einsatzverhältnissen aus und bot eine Fördermenge von zweimal 200 l/min und einen Arbeitsdruck von maximal 300 bar.

1977 bestand das Radladerprogramm dann aus den beiden kleineren L 4 und L 6, die in Berlin gefertigt wurden. Aus Lübeck kamen die fünf Typen L 10, L 15, L 20, L 25 und L 40. Dieses Angebot wurde dann nochmal erweitert, bevor das Radladerprogramm bei O&K Mitte der 1980er-Jahre gänzlich neu strukturiert wurde.

Der L 20 kam Mitte der 1970er-Jahre zum Produktprogramm dazu. Angetrieben wurde der 11,3 t schwere Radlader um 1974 vom Deutz Diesel BF 6 L913 mit 96 kW. Drei Jahre später verfügte der Motor über 112 kW Leistung. Bei diesem typischen Baustelleneinsatz belädt der L 20 einen schönen Henschel-Lkw.

Bei diesem Einsatz in Brilon bewährte sich die gute Geländegängigkeit des Radladers. Je nach Bodenverhältnissen betrug die Steigfähigkeit bis zu 75 Prozent. Im vierten Gang war eine maximale Fahrgeschwindigkeit von 37 km/h möglich

Klares Merkmal der größeren Radlader aus der Lübecker L-Baureihe war das vorne montierte Fahrerhaus. Die Sichtverhältnisse ab dem L 18 aufwärts waren bestens. Gut erkennbar ist auch die Z-Kinematik für 127 kN Ausbrechkraft.

Zunächst wurde aber Ende der 1970er-Jahre mit dem L 18 die Lücke zwischen dem L 15 und dem L 20 geschlossen. Mit einem Dienstgewicht von 10,5 t wurde er als neue „Leistungsalternative" im Prospekt angekündigt. Auf den aktuellen Bedarf der Unternehmen zugeschnitten, bot er natürlich auch die übliche Technik der vollautomatischen Leistungsregelung. Bei großem Materialwiderstand stand bei geringer Ankippgeschwindigkeit eine hohe Kraft zur Verfügung und umgekehrt. Für den wirtschaftlichen Einsatz konnten mit dem mechanischen Schnellwechsler die Arbeitsausrüstungen in Minutenschnelle gewechselt werden. Lieferbar waren Lade- und Klappschaufeln, Traggabeln und Holzgreifer.

Ein über 15 Jahre alter L 18 „Cabrio-Radlader" arbeitete sogar noch 1996 zuverlässig bei der Restaurierung der Pyramiden von Gizeh. Wegen der klimatischen Bedingungen mit hohen Temperaturen, wurde das Fahrerhaus des Laders kurzerhand demontiert. Vielleicht war die Arbeit so ein wenig angenehmer …

Auf der Bauma 1980 zeigte O&K noch die gesamte Radladerpalette vom kleinsten L 5 bis hin zum L 40. Der L 40 mit seiner Sicherheitskabine empfahl sich insbesondere für schwere oder bislang gefährliche Steinbrucheinsätze. Als größtes Exponat wurde übrigens der gigantische RH 300 mit seinen 480 t Dienstgewicht und 1.750 kW Motorleistung gezeigt.

Ein allzu langes Baustellen- und Steinbruchleben sollten diese ersten Radlader, L 10, L 15, L 20, L 25 und L 40 aber nicht vor sich haben, denn diese Radladerbaureihe endete in den frühen 1980er-Jahren mit der Verlagerung nach Berlin und sie wurden so nicht mehr produziert. Damit endete auch der Bau von Radladern im Werk Lübeck.

In einem Gesamtprogramm von 1983 wurden nur noch die Typen L 4, L 5, L 6 und L 7 angeboten und die Radlader aus Lübeck gehörten der Vergangenheit an. Einige Jahre später sollte die Lage aber schon wieder anders aussehen …

Denn 1986 kam der 7,3 t schwere L 12 hinzu und die Bauma, die in diesem Jahr stattfand, warf bereits ihre Schatten voraus. Denn dort wurde verkündet, dass die deutsche Kartellbehörde grünes Licht für die Übernahme der Fahrzeugfabriken Ansbach und Nürnberg (Faun) gegeben hatte. Zum 1. Januar 1986 gehörten Orenstein & Koppel 51 Prozent der Aktien der Faun AG und damit die Aktienmehrheit.

Die Globalisierung der Märkte war auch in den 1980er-Jahren schon weit vorangeschritten und so wird der damalige Vorstandschef Karl Heinz Siepe mit folgenden Worten zitiert: „Es gebe, für einen Baumaschinenhersteller heute nur zwei Möglichkeiten, auf dem Markt zu bestehen: entweder zu akzeptieren, dass der für das Unternehmen relevante Markt die ganze Welt ist oder sich für eine Nischenpolitik zu entscheiden." Fortan ergänzten die Baumaschinen von Faun das Angebot von Orenstein & Koppel. Man war damit zu einem Full-Liner im Bereich des Erd- und Tagebaus geworden und hatte sich so einen Wettbewerbsvorteil erarbeitet.

Links: In den 1970er- und 1980er-Jahren waren auch im direkten Abbrucheinsatz Radlader oder Laderaupen an der Tagesordnung. Im selektiven Rückbau wäre das heute undenkbar und sie helfen hier nur unterstützend. Das kleine Fachwerkhaus als Scheune wird für den L 20 von Theo Kiewitz aus Uelzen wohl keine große Herausforderung gewesen sein.

Unten links: Theo Kiewitz aus Uelzen war ein treuer O&K-Kunde und setzt neben Radladern auch Autokrane aus Lübeck ein. Die ersten Produkte aus dem Hause Orenstein & Koppel waren bei der Firma sogar die kleinen Bristol-Raupen, die O&K eine Zeit lang vertrieben hatte.

Unten rechts: Zum Schluss wurde der Bauschutt natürlich verladen, inklusive des Strohs. Der Einsatz fand im August 1974 nahe Uelzen statt.

In einer der ersten Produktübersichten von 1986 fallen neben den roten Maschinen auch die gelben aus Lauf auf, erst später wandelte sich deren Farbe und es sollten auch einige aus dem Angebot verschwinden.

Die Radladerbaureihe von Orenstein & Koppel konnte so durch die F-Maschinen aus dem Hause Faun ergänzt werden. An den O&K Lader L 12 schloss sich der F 1110 an, mit einem Dienstgewicht von 8 t noch relativ leicht. Fünf Typen weiter, am oberen Ende der Reihe, war der F 5000 angesiedelt. Diese Maschine war für härteste Einsätze in Steinbrüchen oder dergleichen konzipiert und wog 36 t. Der wassergekühlte Cummins-Motor lieferte eine Dauerleistung von 423 PS und ermöglichte der Maschine vorwärts und rückwärts Geschwindigkeiten von bis zu 32 km/h.

Im selben Monat arbeitet dieser L 20 in Niedermarsberg bei der Firma Johann Blome in einem Steinbruch. Für harte Einsätze in Steinbrüchen verfügte die Kabine auch über eine serienmäßige großflächige Sicherheitsverglasung.

Oben links: Im Oktober 1974 arbeitete dieser L 20 im Steinbruch Risse bei Warstein. Der 112 kW starke Dieselmotor verbrauchte pro Stunde etwa 15 bis 20 l. Damit waren dann rund zehn Stunden Arbeit bis zum Nachtanken möglich.

Oben rechts: Ein gemeinsamer Einsatz des L 20 mit einem RH 6 fand in den Alpen in einer kleinen Kiesgrube statt. Wartung und Service war damals wie heute eine klares Kaufkriterium und Orenstein & Koppel unterstützte die Kunden immer mit umfangreichem Service im Feld.

Mitte: Mit Schutzgitter und 3-m³-Hochkippschaufel wartet dieser L 20 auf seine Auslieferung. Fertig montiert steht er vor den Werkshallen. Die Dichte des Materials durfte dabei dann auch nur deutlich unter 1,5 t pro m³ betragen haben.

Unten: Auf Messen präsentierte Orenstein & Koppel immer gerne die neuesten Produkte. Neben der Bauma in München war die Hannover Messe ebenfalls bis in die 1980er-Jahre von großer Bedeutung für die Baumaschinenindustrie. Hier zeigen sich die Radlader auf der Hannover Messe 1976.

Oben links: Nahe Tübingen ist dieser L 20 mit 3-m³-Hochkippschaufel in einem Sägewerk im Einsatz. Bei diesem Einsatz 1977 waren leichte Holzabfälle zu verladen, die den Einsatz der Schaufel erforderten.

Oben rechts: Die Schaufel erreichte gute Füllungsgrade. Natürlich wurde hier nicht auf die notwendigen Sicherheitseinrichtungen verzichtet und der L 20 war mit einem FOPS-Steinschlagschutzgitter ausgestattet.

Mitte: Neben Steinbrüchen und Sägewerken waren auch Autobahnbaustellen ein Einsatzschwerpunkt des Radladers. Hier galt es im Mai 1979 eine Autobahn in Dortmund zu erneuern. Beim Anblick des Lkw mit seiner süßen Ladung dürfte der Fahrer dieses L 20 sicher an eine kurze Pause gedacht haben.

Unten: Die Aufnahme zeigt den Stand auf der Hannover Messe 1976 aus der Luft. Neben den Radladern wurde hier auch der große Hydraulikbagger RH 75 den staunenden Besuchern vorgeführt. Sennebogen, Wolffkran und Potain zeigen an den Nachbarständen ebenfalls ihre Produkte.

Oben links: Nächstgrößerer Radlader war dann der L 25 ab 1973. Anfangs sorgte ein luftgekühlter Deutz-Dieselmotor F6L 413 für 124 kW Motorleistung. Typische Einsatzgebiete dieses 15 t schweren Radladers waren natürlich auch kleinere Steinbrüche.

Oben rechts: Ein typischer Steinbrucheinsatz im September 1973. Der harte Untergrund und das abrasive Material werden sicher für entsprechenden Verschleiß an Reifen und Schaufel gesorgt haben.

Mitte: Die Zeichnung verdeutlicht das Antriebsprinzip des Laders. Das Lastschaltwendegetriebe verfügte über vier Vorwärts- und drei Rückwärtsgänge. Ein fließender Fahrtrichtungswechsel auch unter Vollast wurde durch die elektrische Steuerung ermöglicht.

Unten: Im November 1974 arbeitete dieser L 25 bei der Firma Nickel in Oberwiddersheim. Die Standardschaufel für eine Dichte von 1,8 t pro m^3 hatte ein Fassungsvermögen von 3 m^3.

Oben links: Bereits 1977 wurde der L 25 mit einem etwas größeren Deutz-Dieselmotor F8L 413 ausgeliefert. Nun standen 147 kW Motorleistung zur Verfügung und das Dienstgewicht war auf 17,5 t gestiegen.

Oben rechts: Dieser Einsatz nahe einer Hochstraße in Berlin ist sicher etwas unspektakulär mit dem Sandhaufen. Nichtsdestotrotz hat die Aufnahme Seltenheitswert aufgrund der beiden Seilbagger.

Mitte: Im Sommer 1975 wurden vom L 25 Standaufnahmen im Lübecker Werk gemacht und der Radlader präsentierte sich bei schönem Sommerwetter. Auf der Hannover Messe 1976 erhielt er sogar die bekannte Auszeichnung „Gute Industrieform" für sein gelungenes zeitgemäßes Design.

Unten: Klassischer Einsatz für den großen Radlader waren auch Kalksteinwerke, wie hier im Kalkwerk Dörenschlucht in Augustdorf im Kreis Lippe in Nordrhein-Westfalen. Für andere Einsätze standen auch kleinere Schaufeln mit 2,8 und 2 m³ Kapazität bei entsprechendem schweren Material mit Dichten von 2 und 2,5 t pro m³ bereit.

Dieser Einsatz im September 1976 in einem Sandbetrieb ist ebenfalls eher weniger spektakulär, wäre da nicht der schöne alte Deutz Kipper.

Diese beiden L 25 sind im September 1979 in einem Steinbruchbetrieb nahe Straubing im Einsatz. Die Ausbrechkraft der Schaufel betrug seinerzeit 172 kN.

Auch bei diesem Einsatz war ein Steinschlagschutzgitter notwendig. Die Kabine war großräumig gestaltet und ergonomisch aufgebaut. Alle Instrumente waren so leicht zu erreichen für ein ermüdungsfreies Arbeiten.

Größter Radlader aus Lübeck war ab 1976 der L 40. Der 26 t schwere Radlader wurde auf der Bauma im selben Jahr präsentiert. Mit der bis zu 4,3 m³ großen Schaufel war er für „brutalste“ Materialeinsätze ausgelegt, wie es im Prospekt heißt. Angetrieben wurde der L 40 von einem 220 kW starken Deutz-Dieselmotor. Als einziger Radlader seiner Klasse verfügte der Radlader auch über eine Zweikreishydraulik, die sich bei den Dortmunder Baggern schon bewährt hatte. Bei diesem Einsatz in Warstein arbeitet der L 40 mit seiner 4,2-m³-Schaufel im schweren Felseinsatz. Gleich zwei weitere Geräte von Orenstein & Koppel sorgten für einen effizienten Ablauf im Steinbruch. Mit seinen 296 kN Ausbrechkraft war der L 40 geradezu prädestiniert für diesen schweren Felseinsatz. Um die teuren Reifen vor zu hohem Verschleiß durch das scharfkantige Material zu schützen, waren alle Räder mit Schutzketten ausgestattet.

Mit der Übernahme der Faun Werke kamen dann die neuen Radlader der F-Baureihe zum Produktprogramm hinzu, wie hier der F 3510. Die Radladerfertigung in Lübeck war Anfang der 1980er-Jahre eingestellt worden.

Aus dem F3510 wurde später der L 55. Die spätere Baureihe bei Orenstein & Koppel endete nach Einstellung des L55 dann mit dem 23 t schweren L 45.

Der L 45 war der größte Radlader um 1998. Er wog 23 t und der Cummins Diesel leistete 177 kW. Seine Standardschaufel fasste 4,2 m³ Material.

Maritime Krane aus Lübeck

Kapitel 4

Die Schwimmkrane der LMG

Aus Lübeck kamen aber nicht nur die Radlader oder die großen Eimerketten- und Schaufelradbagger; die LMG hatte bereits früh Schwimmkrane im Programm. Später kamen dann auch Bordkrane und Doppelbordkrane, Gelenkkrane und Einzelkrane hinzu. Die Bordkrane werden im nächsten Kapitel beschrieben.

Erste Produktübersichten um 1920 zeigen bereits Schwimmkrane für unter 100 t Tragkraft und die Übersichten zeigen auch nur das LMG-Logo aus der Zeit vor O&K. Aus heutiger Sicht scheinen diese Tragkräfte noch relativ wenig zu sein, es darf dennoch nicht vergessen werden, dass die Relationen ganz andere waren und Schwimmkrane mit Tragkräften bis über 3.000 t wohl eher kaum vorstellbar waren, zumal solche Lasten ebenfalls noch nicht vorhanden waren. Daher dürfen Tragkräfte bis 100 t für diese frühe Zeit schon als sehr beachtlich gelten.

Sieben verschiedene Schwimmkrane von 50 t bis 350 t Tragkraft waren Ende der 1960er-Jahre im Produktprogramm. Die Krane hatten maximale Ausladungen von 21 m bis 30 m. Die Typen mit technischen Daten wurden in einem speziellen Prospekt über die Schwimmkrane aufgelistet (s. Tabelle).

Dabei stand die Bezeichnung FC für das englische floating crane, also Schwimmkran. In der Variante PR oder propelled war der Schwimmkran angetrieben und konnte sich von selbst bewegen. In der stationären SR-Variante war kein Antrieb vorhanden und der Schwimmkran musste so von Schleppern bewegt werden. Bezeichnet wurden die Krane aber meistens mit dem Namen, auf den sie getauft wurden.

	FC-PR 50	FC-SR 100	FC-PR 100	FC-PR 150	FC-PR 200	FC-SR 250	FC-PR 350
Max. Tragkraft. (t)	50	100	100	150	200	250	350
Max. Ausladung. (m)	30	23	30	26,3	25	21,3	30,5
Max. Hubhöhe über Wasserlinie (m)	30	30	35	35	35	33,5	30,5
Motorleistung (PS)	1.012	1.237	1.875	1.014	1.235	445	4.362

Oben: Schwimmkrane zählten von Anfang an zum Angebot der Lübecker Maschinenbau Gesellschaft und später Orenstein & Koppel. Dieser Kran des Typs S327 hatte um 1922 bereits eine Hubkraft von 60 t. Was heute als relativ wenig erscheint, war für damalige Verhältnisse bereits eine beachtliche Hubkraft. Es müsste sich um die Baunummer 183 handeln.

Rechts: Dieser 100-t-Kran wurde an die Hafenverwaltung Oslo geliefert. Er hatte die Baunummer 439, sein Stapellauf war 1949.

Die Krane für 100 t, 150 t und 200 t besaßen zum Teil den bei Hafenkranen weit verbreiteten Lemniskatenausleger. Hier verblieb der Rollenkopf auf einer horizontalen Linie, wodurch auch die Last nahezu horizontal verstellt werden konnte. Dieser horizontale Lastweg sollte später durch eine doppelte Seilscherung am einfachen Ausleger erzielt werden.

Im Jahre 1955 erfolgte vom Hafen Buenos Aires in Argentinien eine internationale Ausschreibung für einen 250-t-Schwimmkran, die dann Orenstein & Koppel und Lübecker Maschinebau Gesellschaft mit der Ferrostaal AG in Essen gewannen. Die maximale Tragkraft am Hilfshub betrug 40 t und am Haupthub 2 mal 125 t. Die maximale Ausladung lag bei 21,3 m, gemessen vom Fender, also dem Schutzkörper zwischen Kai und Ponton.

Ende Oktober und Dezember 1976 wurden die zwei selbstfahrenden 100-t-Schwimmkrane „Sanam" und „Himreen" an die State Organization of Iraqi Ports übergeben. Maximal konnten die Krane mit 5,5 Knoten (was ungefähr 10 km/h entspricht) verfahren.

Beide Krane hatten eine maximale Tragkraft von 100 t im Haupthub und 15 t im Hilfshub. Die maximale Ausladung des Hilfshub betrug 34 m und vom Haupthub 29 m, ebenfalls gemessen vom Fender. Ab Drehachse gemessen, betrug die maximale Ausladung 41 m. Verstellt wurde die Ausladung noch über ein Spindelwippwerk, das im Oberteil der Drehsäule vollkardanisch gelagert war und über die Spindel mit dem Hauptausleger verbunden war. Die Hubhöhe der Krane betrug 34 m.

Werbewirksam wurden die Schwimmkrane in Szene gesetzt. Farbaufnahmen kamen erst ab den 1930er-Jahren kommerziell zum Einsatz. Die Aufnahme aus einem Übersichtsprospekt präsentiert den Schwimmkran kraftvoll aus interessanter Perspektive.

Der 43 m lange und 20 m breite Ponton hatte eine Wasserverdrängung von 1.465 t und 200 t Wasserballast sorgten für Stabilität während des Hubs. Für den Antrieb waren Gleichstrommotoren installiert. Die Krane selber verfügten über 150 t festen und 15,5 t beweglichen Ballast.

Einen interessanten Auftrag erhielt die Lübecker Abteilung bei Orenstein & Koppel Ende der 1970er-Jahre. Im Mai 1980 konnte der Konzern an die Nassbaggerei Grün und Bilfinger das Kranschiff Biber 500 übergeben. Auf dem Ponton war ein Liebherr LG 1600 Gittermastkran montiert, der über eine Tragkraft von 400 t bis 18 m Ausladung oder 124 t bis 51 m Ausladung verfügte. Der Ponton war 45 m lang und 32 m breit, die Hubkraft der vier Hubeinrichtungen betrug 5.600 t und konnte den gesamten Ponton bei 30 m Wassertiefe bis zu 10 m heben. Die Stützbeine hatten einen Querschnitt von 2,4 mal 2,4 m und eine Gewicht von 172 t. Sie konnten bis zu 6 m in den Meeresgrund eindringen.

Auch wenn die gebauten Schwimmkrane interessant und erfolgreich waren, so wurden diese in Lübeck allerdings nie in großer Stückzahl gebaut; hingegen waren die Bordkrane von deutlich größerer Bedeutung für das Werk. Insgesamt werden folgende Schwimmkrane in den Bauten- oder Referenzlisten aufgeführt.

Name	Kunde	Baunummer	Baujahr	Tragkraft	Antrieb
	S.J.C.A.M, Rom	183	1922	100 t	Dampf
	Hafenverwaltung Marokko	297	1930	60 t	Dampf
	Neukaledonien	314	1931	25 t	Dampf
	Afrika	327	1933	55 t	Dampf
	Hafendirektion Oslo	439	1950	100 t	Diesel
Antara	Hafendirektion Basrah	490	1954	100 t	Diesel
151 GD	Argentinien	550	1959	250 t	Diesel
Emlak	Suez Kanal	551	1959	200 t	Diesel
Hikinui	Auckland	573	1963	100 t	Diesel
	Griechenland	602	1964	100 t	Diesel
Kainji	Hafenverwaltung Nigeria	647	1967	100 t	Diesel
Sanam	Hafenverwaltung Basrah	725	1976	100 t	Diesel
Himreen	Hafenverwaltung Basrah	726	1976	100 t	Diesel
Biber 500	Naßbaggerei Grün & Bilfinger	756	1980	Liebherr LG1600	Diesel

Oben: 1959 lieferte das Lübecker Werk diesen 250-t-Schwimmkran nach Buenos Aires. Die Baunummer des Kranes war die 550 und das Schiff trug den Namen „151 GD“.

Rechts: Das Foto zeigt den Kran beim Abtesten im Werk Lübeck. Früher wie heute wurde dabei eine höhere Last angesetzt als die hier maximalen 250 t. Bei 25 Prozent Überlast hatte der Schwimmkran hier 312 t am Haken.

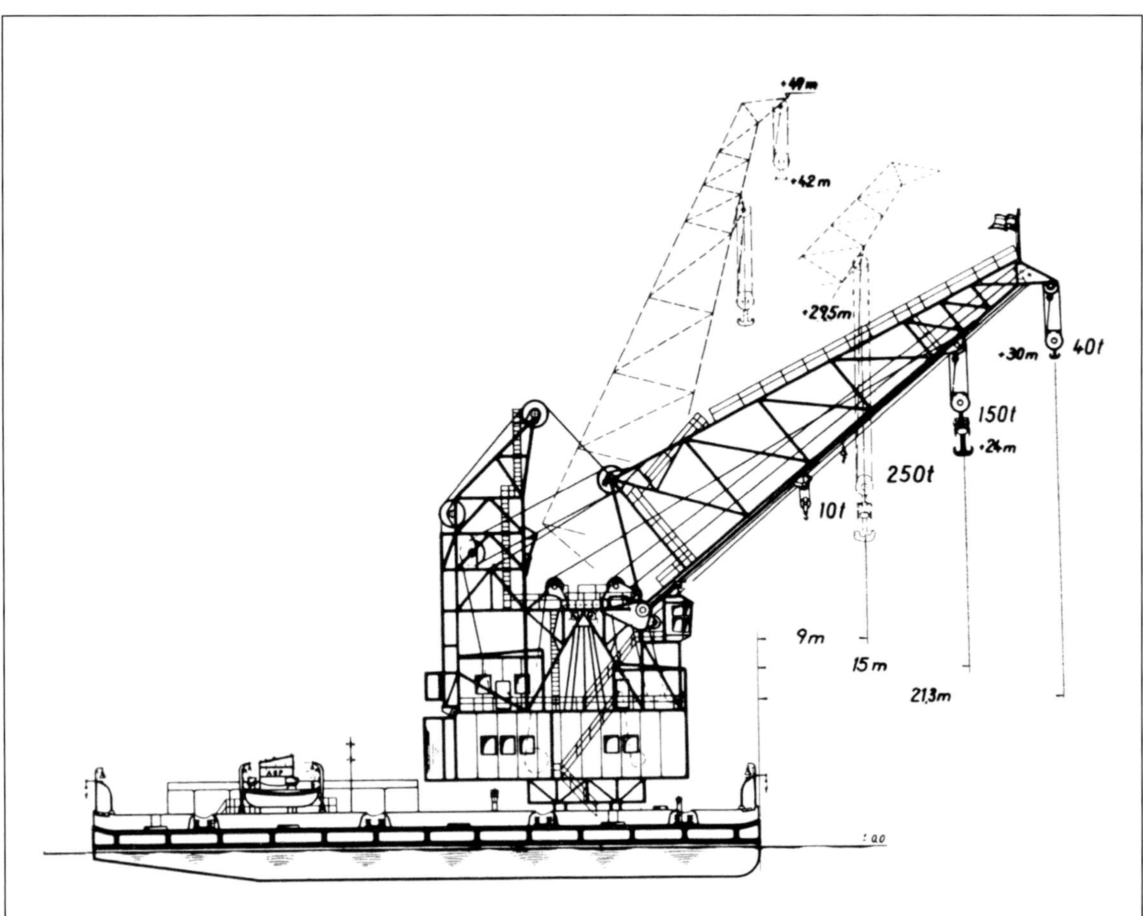

Die schematische Zeichnung zeigt die Dimensionen des Kranes. Insgesamt drei Hubwerke standen für Einsätze mit Kapazitäten von 10 t, 40 t und 250 t zur Verfügung.

1.680 t Verdrängungsmasse besaß der 45 m lange und 23 m breite Ponton. Für ausreichend Stabilität sorgten 240 t Ballast im Ponton, 164 t im Kran und noch mal 74 t beweglicher Ballast je nach Ausladung.

Der Haupthub im Maschinenhaus bestand aus zwei 125-t-Winden. Bei maximaler Last betrug die maximale Hubgeschwindigkeit dann 1 m/min. Der Arbeiter an der hinteren Winde gibt einen guten Größenvergleich.

Seite rechts oben: Mit der Baunummer 490 wurde dieser 100-t-Kran Anfang der 1950er-Jahre ausgeliefert. Von Travemünde aus wurde er nach Basrah zur Hafenverwaltung des Irak verschifft. Das Schiff trug den Namen Antara. Für den gesamten Transport wurde der Ausleger natürlich in die vorne erkennbare Stütze abgelegt.

Seite rechts unten: Die schematische Skizze verdeutlicht die Dimensionen vom Schwimmkran Antara. *(Foto: VOSTA LMG)*

L
MG

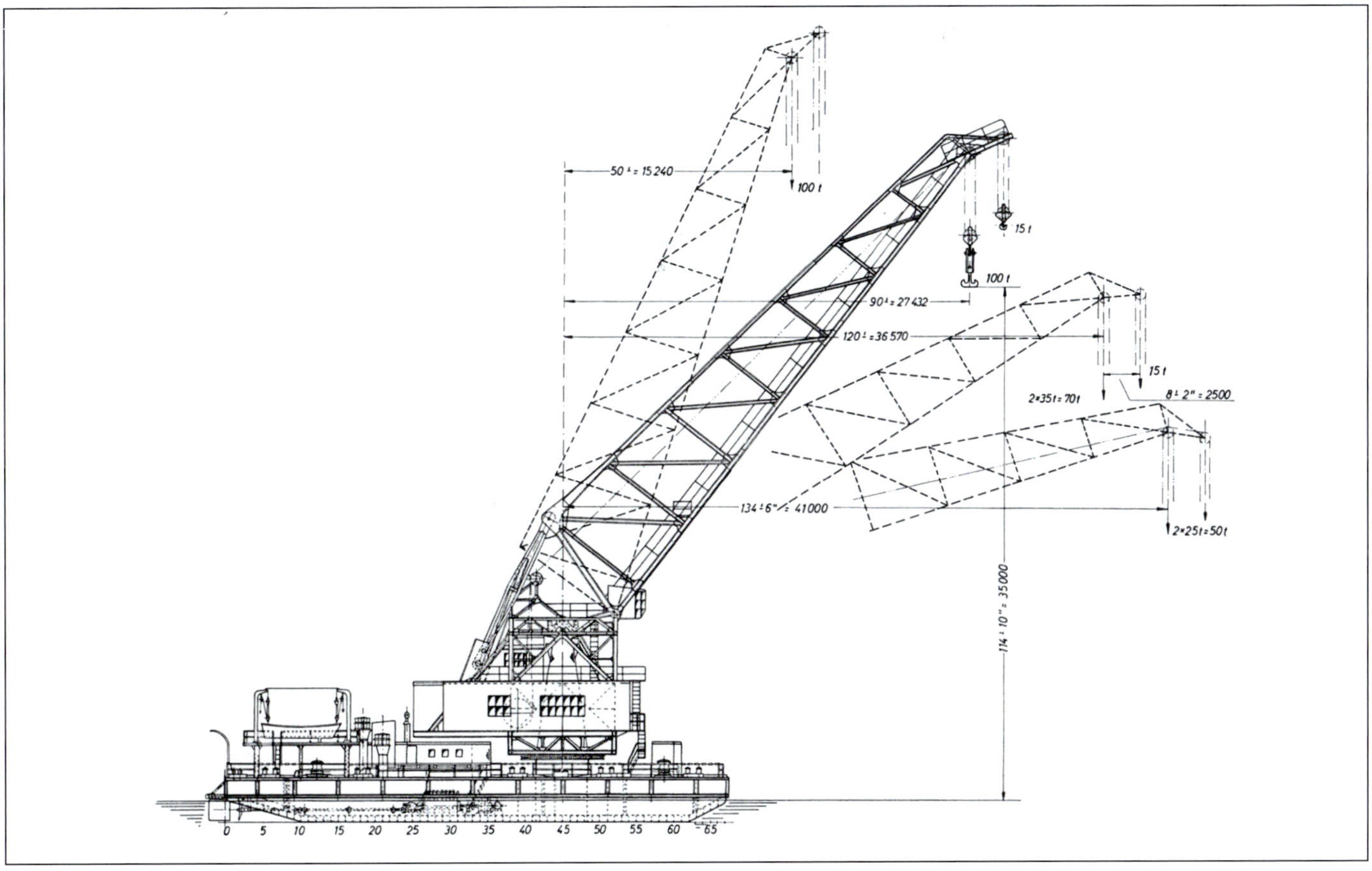
50' = 15 240
100 t
15 t
100 t
90' = 27 432
120' = 36 570
15 t
2×35 t = 70 t
8' 2" = 2500
134' 6" = 41000
2×25 t = 50 t
114' 10" = 35000
0 5 10 15 20 25 30 35 40 45 50 55 60 65

Oben links: 1959 lieferte Lübeck diesen selbst angetriebenen Schwimmkran an die Hafendirektion des Suez Kanals. Der Kran mit der Baunummer 551 hatte eine Hubkraft von 200 t am Haupthubwerk. Er wurde auf den Namen Emlak getauft. *(Foto: VOSTA LMG)*

Oben rechts: Natürlich wurden auch die Seilbagger aus dem Konzern als Schiffskrane oder Schiffsbagger ausgeliefert. Hier ist ein L 951-Oberwagen fest auf Ponton montiert und im schweren Hubeinsatz beschäftigt.

Mitte: Dieser L 951-Oberwagen ist mit 20-t-Kranausrüstung ebenfalls fest auf Ponton installiert und mit Mehrschalengreifer bei der Instandhaltung der Fahrtrinnen im Einsatz. Als fest installierter Kran trug er dann die Bezeichnung FC-SR 20 und war somit ein nicht selbstfahrender Kran.

Unten: In gleicher Größenordnung wie der L 951-Oberwagen war dieser 20-t-Einfachlenkerkran. Er trug die Bezeichnung FC-PR 20 und war somit ein selbstfahrender Schwimmkran. Es könnte sich aufgrund der Tragkraft um die Baunummer 602 für die Griechische Regierung gehandelt haben; ein Name wurde nicht aufgeführt.

Links: Dieser Kran des Typs FC-SR 100 besaß eine Tragkraft von 100 t. Der Kran war nicht selbstfahrend, sein Ponton hatte eine Breite von 20 m und war 40 m lang. (Foto: VOSTA LMG)

Oben: Er hatte die Baunummer 647 und trug den Namen Kainji. Kunde des 1967 gebauten Schwimmkranes war die Hafenverwaltung Nigeria in Lagos. (Foto: VOSTA LMG)

Unten: 1968 war Kainji auf der Trave zu Testzwecken unterwegs. Angetrieben wurde er von zwei 6-Zylinder-Ruston-Dieselmotoren. Der Stapellauf erfolgte am 30. März 1967. (Foto: VOSTA LMG)

Im Oktober und Dezember 1976 wurden die beiden 100-t-Schwimmkrane „Sanam" und „Himreen" an die Hafenverwaltung des Iraks geliefert. Die beiden baugleichen Krane mit den Baunummern 725 und 726 wurden im März des Vorjahres nach einer internationalen Ausschreibung beauftragt. Der Hilfshub beider Krane konnte 15 t heben. *(Foto: VOSTA LMG)*

In der Ausschreibung war gefordert, dass die Hubhöhe über der Wasserlinie 35 m betragen musste und die maximale Ausladung ab Drehachse 41 m. Aufgrund dessen wurde auch der Doppellenker-Wippkran angeboten, weil so das Schiffsfreiprofil vor dem Ausleger von über 22 m Höhe über Wasserlinie bei 29 m Ausladung vor Fender erreicht wurde. Das Bild zeigt den Kran Himreen. *(Foto: VOSTA LMG)*

Sicher verstaut machte sich Sanam auf den langen Weg zum Kunden. Mit abgelegtem Ausleger konnte der Kran mit 5,5 Knoten oder ungefähr 10 km pro Stunde reisen. *(Foto: VOSTA LMG)*

Hier zeigen sich Sanam und Himreen 1977 nach erfolgter Überfahrt in der neuen Heimat in Basrah. *(Foto: VOSTA LMG)*

Links: Gut erkennbar ist auf diesem Foto der bei früheren Hafenkranen weit verbreitete Lemniskatenausleger. Dieser wird über eine Spindel verstellt und die Last verbleibt auf einem horizontalen Lastweg. Bei modernen Hafenmobilkranen heute läuft das Seil vom Maschinenhaus zum Rollenkopf, zurück zur Drehsäule und dann wieder zum Rollenkopf – so wird hier ein horizontaler Lastweg erreicht. Die Tragkraft dieses FC-SR 100 lag ebenfalls bei 100 t. Der Kran wurde auf den Namen Hikinui getauft und hatte die Baunummer 573; er wurde 1963 nach Auckland verkauft. Rechts: Der Haupthub der Orenstein & Koppel / Lübecker Maschinenbau Gesellschaft-Schwimmkrane war zumeist als Doppelwindwerk ausgebildet. Die installierte Leistung der Dieselmotoren begann bei 1.012 PS und endete bei 4.362 PS.

Am 28. März 1980 übergab Lübeck das Kranschiff „Biber 500" an den Kunden Grün & Bilfinger GmbH in Hamburg. Der erste Einsatz des Kranschiffes war im Mai 1980 42 Meilen westlich von Sylt und 42 Meilen nördlich von Helgoland. Für ein Forschungsprojekt galt es Positionierungsarbeiten bei 30 m Wassertiefe durchzuführen.

Das Schiff war als Mehrzweckgerät konzipiert, sowohl als Kranschiff wie auch als selbsthebende Arbeitsplattform für Wasserbauarbeiten. Übrigens war die Biber 500 auch das zehnte Schiff, das Orenstein & Koppel seit 1945 an den Kunden Grün & Bilfinger (später Bilfinger & Berger Bauaktiengesellschaft) geliefert hat.

Die Stützbeine hatten eine Länge von 57,7 m und einen Querschnitt von 2,4 m mal 2,4 m. Über die Hubvorrichtungen konnte die gesamte Plattform dann angehoben werden; jede der vier Hubvorrichtungen war für eine Hubkraft von 1.400 t bemessen. Dabei drangen die Stützbeine bis zu 6 m in den Meeresboden. Auf dem Kranschiff war ein Liebherr LG 1600 Kran montiert. Der Kran verfügte über zwei 250-t-Hubwerke, ein 180-t-Hubwerk sowie 5 t Hilfshub. Der Ausleger hatte eine Grundlänge von 46 m und konnte durch ein zusätzliches Segment um 14 m auf 60 m verlängert werden.

Die Bordkrane aus Lübeck

Bordkrane und Gemini Bordkrane

Die Orenstein & Koppel AG und Lübecker Maschinenbau Gesellschaft in Lübeck war auch die Wiege der Gemini Bordkrane. Mitte der 1960er-Jahre entstand die Idee, zwei Bordkrane zu verbinden und über eine Traverse zu kombinieren. Dadurch konnte bei Bedarf die doppelte Last jedes Einzelkranes gehoben werden. Allerdings bedingte dieses Konzept auch, dass drei Rollendrehverbindungen verwendet werden mussten. Dennoch, die Idee war gut und sollte sich in den folgenden Jahren erfolgreich weiterentwickeln.

Die Baureihe bestand aus sechs verschiedenen Typen, die ein Tragkraftspektrum von 5 t bis 25 t im Einzelbetrieb abdeckten und 10 t bis 50 t im Doppelbetrieb. Der Antrieb erfolgte elektrohydraulisch oder vollhydraulisch und war so konstruiert, dass die Hubwerke und Wippwerke oberhalb der Fahrerkabine auf der Plattform der Drehtürme angeordnet waren.

Die Krane waren ein ideales Ladegeschirr für die Vielzweckfrachter, um konventionelle Stückgüter und 20-Fuß- oder 40-Fuß-Container zu transportieren. Im Doppelbetrieb waren die Einzeldrehwerke stillgesetzt und die Schwenkbewegung erfolgte durch die Hauptdrehbühne. Andere Hersteller zogen mit dieser Idee nach. Hafenzeiten sind teuer und entscheidend für die Liegezeit ist vor allem eine schnelle Kranaustattung.

Dieser Gemini Kran war über die Zeit auch kontinuierlich weiterentwickelt worden und so erschien Mitte der 1970er-Jahre die weiterentwickelte Baureihe F. Kernunterschied zur Vorgängerbaureihe war die neue dreiteilige Drehverbindung mit zwei voneinander unabhängigen Laufbahnen. Damit war auch nur noch eine einzige Drehverbindung vorhanden und nicht wie vorher zwei. Diese befand sich auf der fest im Schiffskörper verschweißten Kransäule an der Stelle der früheren Hauptdrehverbindung; also der Drehverbindung

Ab 1965 begann bei Orenstein & Koppel und Lübecker Maschinenbau Gesellschaft auch die Entwicklung und der Bau von Bordkranen. Lange Zeit gehörte das Lübecker Werk hier zu den großen Namen im Bordkranbau. (Foto: Henning Dreyer)

Bekannt waren auch die Gemini Doppelbordkrane. 1966 entstand in Lübeck die Idee, zwei Bordkrane zu kombinieren und zu synchronisieren. Die beiden Krane waren auf einer Hauptdrehscheibe montiert und insgesamt drei Drehkränze sorgten für die Schwenkbewegungen. *(Foto: Henning Dreyer)*

Links: Das Hubseil verlief bei den Bordkranen zunächst zum Rollenkopf und dann wieder zur Umlenkrolle über der Winde. So wurde ein horizontaler Lastweg erreicht. Rechts: Die Draufsicht auf die frühen Bordkrane aus dem Jahre 1969 zeigt, dass auch damals schon an Wartungsfreundlichkeit gedacht wurde. So befindet sich neben den Winden eine kleine Serviceplattform. *(Fotos: Henning Dreyer)*

Links: Vormontiert standen hier vier Bordkrane an den Lübecker Hallen. Wenn man sich einen Bediener in der Kabine vorstellt, kann man die Größe der Krane erahnen. Rechts: Ein Blick von unten in die geräumige Kabine. Die Winden verfügten mittlerweile über ausreichend Seilvorrat. Das Fenster konnte geöffnet werden, Klimaanlagen dürften auch noch nicht vorhanden gewesen sein. *(Fotos: Henning Dreyer)*

Die frühen Bordkrane konnten auch auf ein Portal gebaut werden. Bis zu 25 t konnten die Krane heben und besaßen Ausladungen bis zu 25 m. *(Foto: Henning Dreyer)*

Der Gemini Doppelbordkran im Einsatz bei der Schiffsentladung um 1970. Gut zu erkennen ist die Hauptdrehscheibe mit den beiden Einzeldrehverbindungen. *(Foto: Henning Dreyer)*

1990 wurde in der Lübecker Werft die „Beate Oldendorff" mit Bordkranen ausgerüstet. Das auf der Warnow Werft in Warnemünde gebaute Schiff erhielt in Lübeck zwei Einzelbordkrane mit 25 t und 35 t Tragkraft sowie einen Doppelbordkran mit 2 x 25 t Tragkraft. Dieser konnte im Geminibetrieb dann 50 t heben. Die Montage der Krane dauerte drei Wochen.

Bereits 1988 war das Schwesterschiff, die „Maria Oldendorff", in Lübeck mit Kranen des gleichen Typs ausgerüstet worden. Besitzer beider Schiffe war die Reederei Egon Oldendorff Liberia Inc.

Gut zu erkennen ist auf dem Foto das Funktionsprinzip der Gemini Krane. Das Schwergutkollo kann vom Kai über die beiden Doppelbordkrane aufgenommen werden. So wären im Doppelbetrieb zweier Gemini Krane wie auf dem Foto bis zu 160 t (4 x 40 t) Tragkraft möglich.

Die Seilwinden waren oben an der Drehsäule installiert. Die großen Stahlbauteile konnten über die Krane leicht umgeschlagen werden.

Gleich drei Gemini Bordkrane und ein Einzelkran waren 1969 auf diesem Schiff montiert und halfen beim Ladegutumschlag.
(Foto: Henning Dreyer)

der Traverse vorher. Alle Drehbewegungen des Kranes im Einzel- oder Geminibetrieb erfolgten um die Drehachse dieser einen Drehverbindung. Daraus ergaben sich zahlreiche Vorteile. Die beim Vorgänger notwendigen Einzeldrehverbindungen konnten entfallen und der neue Typ F hatte für das Drehen im Einzel- und Geminibetrieb dieselben Getriebe; zuvor waren zum Drehen im Einzelbetrieb andere Motoren und Getriebe erforderlich als im Geminibetrieb.

Zudem waren die Krane vor der Drehachse angeordnet, weswegen die Ausleger bei der geforderten Ausladung kürzer ausfielen. Unterhalb der Auslegerlager war keine Hauptdrehscheibe mehr vorhanden, so dass die Bauhöhe niedriger war und der Kran somit auch leichter war. Der Zugang zu den Kranführerkabinen erfolgte sicher durch die Kransäule bis auf die Plattformen zur Kabine.

Diese frühen Gemini Krane waren 1967 im Tandemeinsatz. So erhöhte sich die Tragkraft von 25 t im Einzelbetrieb auf 50 t im Geminibetrieb. Die Auslegerverstellung erfolgte schon hydraulisch. Hydraulikerfahrung war ja im O&K-Konzern durch die Fertigung der Hydraulikbagger ausreichend vorhanden.
(Foto: Henning Dreyer)

Mitte der 1970er-Jahre konnte die LMG dann einen Großauftrag über 60 Gemini Bordkrane dieses neuen Typs F verzeichnen. Die südkoreanische Hyundai Shipbuilding & Heavy Industries hatte diese beeindruckende Anzahl an Kranen geordert. Das Auftragsvolumen seinerzeit betrug beeindruckende 40 Millionen Mark. Ausschlaggebend für den Auftrag waren die Vorteile der neuen Bordkrane, nämlich die Tatsache, dass eben nur noch eine Drehverbindung benötigt wurde.

Die Orenstein & Koppel AG und Lübecker Maschinebau Gesellschaft lieferte dabei die mechanische Ausrüstung, während die elektrische von AEG kam. Hyundai hatte die 60 Krane für die 15 Neubauten der Kuwait Shipping Co. bestellt. Jeder der 22.300-t-Frachter bekam vier Krane; jeweils einen Gemini Kran F6E mit 2 x 12,5 t Tragkraft und 18 m Ausladung und einen F6E mit 2 x 5 t Tragkraft und ebenfalls 18 m Ausladung sowie zwei Einzelkrane des Typs EE 12,5 t bei 18 m. Die Verschiffung der Krane aus Lübeck erfolgte dann bereits ab November 1975.

Gemini Krane hatten sich also ihren erfolgreichen Ruf erarbeitet und wur-

Oben: Bereits vormontiert befanden sich diese Gemini Bordkrane 1967 beim Abtesten auf dem Werksgelände. Im Hintergrund ist die Werkshalle mit LMG-Logo zu sehen sowie das Hochhaus für den Schiffbau. *(Foto: Henning Dreyer)*

Unten: Diese Bordkrane waren bereits komplett lackiert und auf dem Schiff montiert. Die 2 x 10,5 t – 16 m Krane wurden im Juli und August 1967 an die Mathies Reederei in Hamburg für die Schiffe „Hansa" und „Wasa" geliefert. Die Schiffe wurden auf der J.J. Sietas Werft in Hamburg gebaut. *(Foto: Henning Dreyer)*

Das Foto zeigt wunderbar ein Beispiel der Schiffsentladung in den späten 1960er-Jahren. Die beiden Bordkrane arbeiten im Geminibetrieb und im Hintergrund stehen noch Krupp-Ardelt-Hafenkrane bereit. *(Foto: Henning Dreyer)*

Mitte der 1970er-Jahre wurden die Gemini Krane dann grundlegend neu konstruiert. Wesentliches Merkmal war der Wegfall der vorher vorhandenen Hauptdrehscheibe. Dadurch war nur noch eine einzige Drehverbindung auf der Kransäule vorhanden. So reduzierten sich die vorher drei Drehkränze auf nur noch einen doppelten.
(Foto: Dirk Bömer)

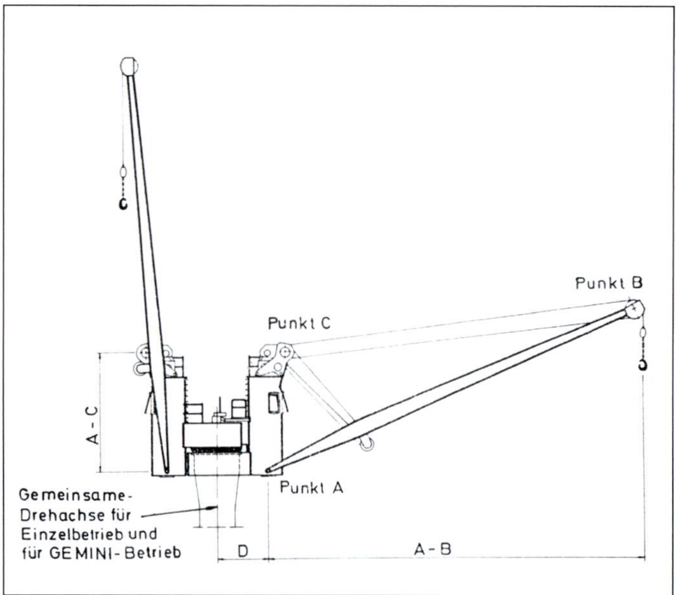

den um 1977 sogar in Lizenz gebaut und vertrieben. Die Einzelbordkrane von 5 bis 40 t Tragkraft und die Gemini Krane von 2 mal 5 t bis 2 mal 40 t wurden so in Japan von der Sekigahara Seisakusha Ltd. produziert.

Anfang der 1980er-Jahre waren die Doppelbordkrane des Typs FGH in verschiedenen Typen lieferbar. Kleinster war der FGH 2 x 5 t – 16 m, also ein Doppelbordkran mit 5 t Tragkraft und 16 m Ausladung. Der Kran wog 31 t. Größter Kran dieser Baureihe war der FGH 2 x 50 t – 30 m mit 50 t Tragkraft und 30 m Ausladung. Sein Gewicht betrug dann sogar 175 t.

In den 1970er-Jahren erfolgte dann eine Neuentwicklung der Krane und 1977 erschien der neue Gemini Bordkran. Beim früheren Typ waren insgesamt drei Drehverbindungen notwendig, die natürlich auch die Kosten in die Höhe trieben. (Foto: Henning Dreyer)

Beim neuen Gemini Kran drehten beide Krane nun um eine Drehachse. Grundlage war eine Rollendrehverbindung, die aus drei Ringen und einem Zahnkranz bestand.
(Foto: Henning Dreyer)

Die Breite der Krane oder der Störkreis dieser FGH-Krane war relativ groß. So hatte der kleinste Kran, der FGH 2 x 5 t – 16 m einen Störkreis von 6,5 m. Beim größten FGH 2 x 50 t – 30 waren dies dann 9,4 m. Die schmaleren FG2H-Krane hatten Breiten von 6 m bis 7,4 m und waren somit relativ kompakt bzw. hatten einen geringen Störkreis für enge Umgebungen oder schmalere Einsatzanforderungen.

Links: Die Winden waren wie auch beim Vorgängermodell oben an der Kransäule angeordnet. Gut zu erkennen ist die Auslegerverstellung. Das Hubseil folgte zudem ebenfalls einem horizontalen Lastweg. Rechts: Die Lübecker Werkshallen waren natürlich für große Komponenten ausgelegt. Hier sind gerade Doppelbordkrane der neuen Generation in der Montage. (Fotos: Dirk Bömer)

Im Jahre 1985 konnte das Lübecker Werk einen Großauftrag über 44 Bordkrane des Typs E2H verzeichnen. Die Schmalkrane waren für besonders enge Platzverhältnisse konzipiert und der Ausleger über der Kabine für optimale Sichtverhältnisse angelenkt. Seine Verstellung erfolgte nunmehr hydraulisch.

Die Order lief über zwölf Krane des Typs EHS-25 mit 25 t Tragkraft und einer Ausladung von 18 m für die Schiffswerften Büsumer Schiffswerft GMBH, Mützelfeldtwerft GmbH in Cuxhaven, die Seebeckwerft AG in Bremerhaven und die Cassens Werft GmbH in Emden. 22 Einheiten des Kranes gingen an die Schlichting Werft in Travemünde, Bremer Vulkan AG und die British Yard Austin & Pickersgill; einige der Krane waren auch für den Geminibetrieb bis 120 t vorgesehen. Zwei weitere 50-t-Krane gingen an die Bremer Vulkan und acht weitere an die niederländische Werft Scheepswerven Gebr. Van Diepen.

Aber auch ganz andere Einsätze fernab der See gab es für die Bordkrane aus Lübeck. Mehrere Bordkrane wurden ab 1974 für Einsätze gebaut, wo sie allerdings nie die Seeluft kennen lernen sollten, sondern eher Kohle. Denn die

Die Baureihe FGH der Doppelbordkrane konnte Lasten von bis zu 2 mal 50 t bewegen. Anhand der O&K-Mitarbeiter auf dem Kran lässt sich die beachtliche Größe gut erahnen. (Foto: Henning Dreyer)

Die Einzelbordkrane des Typs EHS waren für kleine Frachtschiffe ausgelegt. Fünf verschiedene Modelle mit Tragkräften von 15, 20, 25, 30 oder 36 t waren lieferbar. Jeder konnte mit verschiedenen Auslegern für 12 m bis 25 m Ausladung (in 2-m-Abstufungen) geliefert werden. Der rechte Kran befindet sich in Staustellung für die Fahrt. *(Foto: Dirk Bömer)*

Dieser Bordkran des Typs EHS wurde im Werk komplett montiert. Auf der Werkshalle in Lübeck war auch das LMG-Logo gegen die bekannte O&K-Raute getauscht worden. *(Foto: Henning Droyer)*

Besonderheit der EHS-Baureihe war die hydraulische Auslegerverstellung. Die beiden Zylinder sorgten hier für die Änderung des Arbeitsradius. Der Fahrer hatte eine optimale Sicht aus der mittigen Kabine mit großen Glasflächen. *(Foto: Dirk Bömer)*

Ein separater Prospekt informierte über die Baureihe der EHS Bordkrane. Alle Details und auch Maße der fünf Modelle waren aufgeführt.

Drei Bordkrane sind in der Montagehalle bereit für die Auslieferung. Die Größe der Bordkrane ist gut an dem Gerüst erkennbar.

Ein Blick aus anderer Perspektive auf die drei Krane. Hier ist durch den Mitarbeiter ebenfalls gut die Größe zu erahnen.

Krane waren für die großen Schaufelradbagger im rheinischen Braunkohlenrevier vorgesehen.

So erhielten die Baunummern 1329, 1330 und 1347 Bordkrane für Wartungsarbeiten. Bagger 285 mit der LMG-Baunummer 1330 erhielt zwei Krane mit 5 t und 16 t Tragkraft. Bagger 286 mit der LMG-Baunummer 1329 erhielt einen Kran mit 11 t Tragkraft. Bagger 289 mit der Baunummer 1347 erhielt ebenfalls einen 16-t- und einen 5-t-Kran mit 16 m Reichweite.

Die Krane wurden für Wartungs- und Servicearbeiten an wichtigen Stellen benötigt. Und die Schaufelradbagger 288 und 291, beides Krupp-Bagger, erhielt 1978 einen 16-t-Kran und einen 5-t-Kran.

Die übrige Typenvielfalt der Bordkrane war ebenfalls umfangreich und für viele Einsatzzwecke abgestimmt. Ab den 1980er-Jahren begann das Angebot mit der Standardbaureihe KL. Diese hatte Tragkräfte von 8 t bis 60 t. Die Ausladung vom Drehpunkt bis zum Lasthaken begann bei 16 m bis hin zu 32 m. Die Standardbaureihe unterschied sich zudem durch die Breite des Kranes. In der kleinsten Variante KL 8 t – 16 m mit 8 t Tragkraft und 16 m Reichweite hatte der Kran eine Breite von 2,4 m. Die größte Variante als KL 60 t – 32 m dagegen war mit 3,7 m deutlich breiter. Der Kran selber wog dann beachtliche 84 t. Die Ausleger waren bei dieser Baureihe unterhalb der Fahrerkabine angelenkt und behinderten somit teilweise auch die Sicht.

Die Bordkrane des Typs K waren Schmalbordkrane für besonders enge Platzverhältnisse. Die Tragkräfte reichten hier von 25 t bis 40 t und Ausladungen von 20 m bis 34 m. Aller Krane hatten hier mit 2,4 m eine einheitliche Breite. Auch bei der Baureihe K war der Ausleger weit unter der Kabine angelenkt.

Der C-Krantyp war ebenfalls ein Schmalkran für enge Platzverhältnisse. Sein Drehsäulendurchmesser betrug 2,4 m. Sein Ausleger war zudem oberhalb der Kabine angeordnet. Dadurch wurden optimale Sichtverhältnisse ermöglicht. Beim CL-Krantyp lag der Auslegeranlenkpunkt unterhalb der Kabine. Auch war dieser Krantyp mit 3,2 m Säulendurchmesser deutlich größer. Die Baureihe V basierte auf den Typenreihen K oder C, war aber für den Greiferbetrieb mit Mehrseilgreifern ausgelegt.

Vereinfachend soll die folgende Tabelle die Krane der verschiedenen Baureihen samt wichtiger technischer Daten zeigen:

Baureihe	Tragkräfte (t)	Ausladungen (m)	Höhe Ausleger-anlenkpunkt (m)	Durchmesser Drehkranz (m)	Eigengewicht (t)
KL (Standard)	8-60	16-32	0,6-1,3	2,4-3,2	16-84
K (schmal)	25-40	20-43	2,8-3,3	2,4	39-67
CL (Standard)	25-40	20-34	3,9-4,3	3,2	38-70
C (schmal)	25-40	20-34	5,4-5,8	2,4	42-73
EHS	15-36	12-25	3,8/3,9	2,4	14-65
FGH (Gemini)	2 x 5 - 2 x 50	16-30		6,5-9,4	31-175
FG2H (Gemini)	2 x 12,5 - 2 x 50	18-30		6-7,4	58-188

Dieser Bordkran des schweren Typs HS wurde gerade montiert und erstrahlt noch im frischen Lack. *(Foto: Henning Dreyer)*

Natürlich waren alle Baureihen auch für den Geminibetrieb vorgesehen. Dann erhielt die Bezeichnung ein „G“ vorweg und hieß entweder GKL, GCL, GK oder GHL.

Die Baureihe der EHS oder später nur HS-Krane bezog sich auf elektrohydraulisch betriebene Krane. Die Verstellung des Auslegers erfolgte dabei über Hydraulikzylinder; die zweite Winde entfiel somit. In der Baureihe standen fünf verschiedene Typen zur Auswahl mit 15 t, 20 t, 25 t, 30 t und 36 t Tragkraft. Die Ausladungen variierten von Minimum 12 m bis hin zu 25 m. Der größte Kran dieser Baureihe, der EHS 36 t – 25 m, wog beachtliche 65 t.

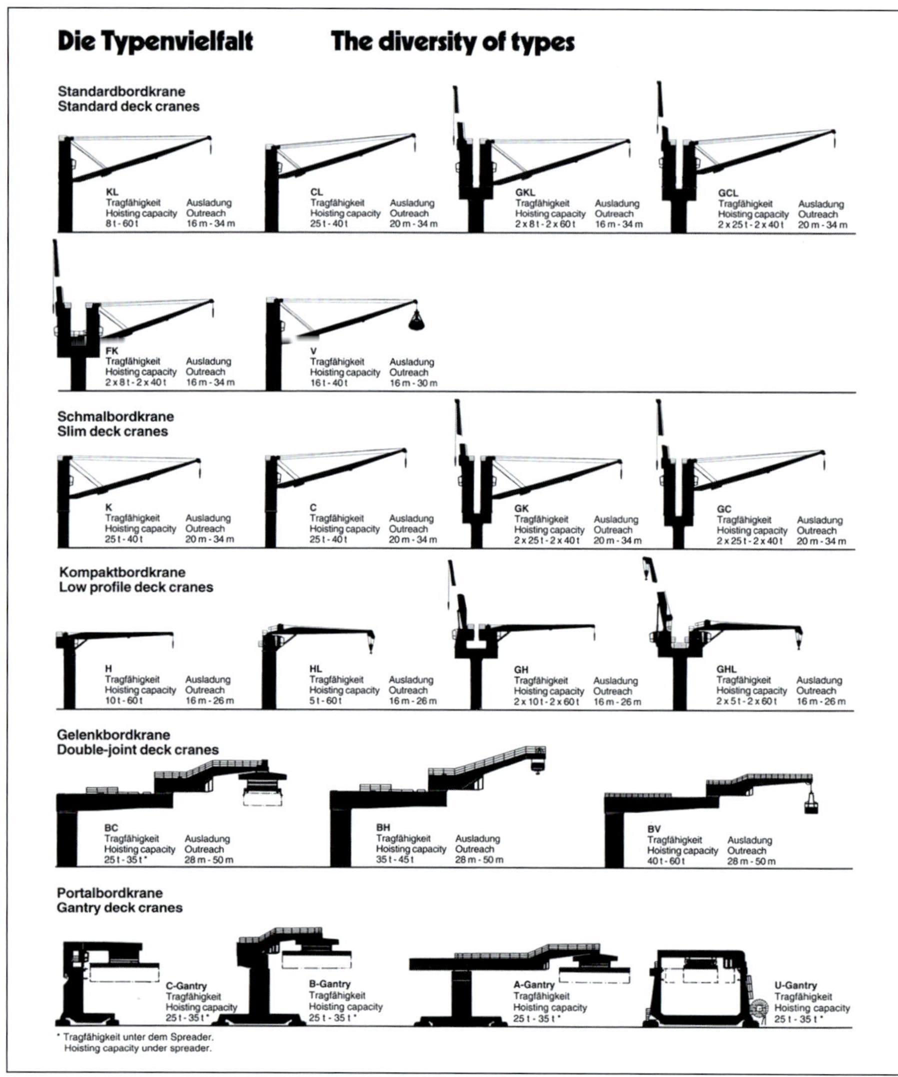

Links: Die Übersicht aus dem speziellen Prospekt über die Bordkrane zeigt das gesamte Angebot um 1992. Rechts: Verschiedenste Einzelkrane mit Auslegerverstellung über Seile waren lieferbar. Auch dieser Kran wurde auf dem Werksgelände zum Abtesten aufgebaut. *(Foto: Henning Dreyer)*

Links: Ein anderer separater Prospekt informierte über alle technischen Daten der Doppelbordkrane der Baureihe FGH in zweiter Generation. Rechts: Eine ungewöhnliche Perspektive des Bordkranes zeigt dieses Foto. Der Blick geht vom Rollenkopf zum Kranturm. *(Foto rechts: Henning Dreyer)*

Rechts: Eigentlich handelt es sich ja hier um einen Laderaumbagger mit Mehrseilgreifkranen. Der Laderauminhalt der Gaza für den Irak betrug 1.000 m³ für maximal 23 m Baggertiefe. Installiert waren zwei 16-t-Krane für 12 m Ausladung und ein 16-t-Kran mit 16,75 m Ausladung.

Links: Mit den 3-m³-Polypgreifern oder 4,35-m³-Zweischalengreifern konnte das Schiff in drei bis vier Stunden beladen werden. Ein kleinerer 3-m³-Zweischalengreifer stand auch zur Verfügung. Rechts: Der fertig lackierte Ausleger eines Bordkranes verlässt die Werkshallen zur weiteren Kranmontage. *(Foto rechts: Henning Dreyer)*

Die Montage der Bordkrane erfolgte zumeist komplett. Ein Schwimmkran half bei der Montage. So entfiel dort die Montage von Seilen und Ausleger und der Liegeplatz wurde nur kurz beansprucht.
(Foto: Henning Dreyer)

In den 1990er-Jahren wurden die Märkte noch globaler und der Containerverkehr noch weitaus wichtiger. Daher optimierte O&K das bereits ausgereifte Konzept der Bordkrane nochmals. Ein wesentlicher Unterschied bei dieser neuen Generation waren die innenliegenden Hub- und Wippwerkswinden, die so deutlich besser zu warten waren.

Und ebenso wie die Schwimmbagger, so wurden die Schiffskrane mit dem Ende der LMG nicht eingestellt, sondern von dem norwegischen Konzern TTS 2004 übernommen. TTS Marine sitzt heute in Bremerhaven und produziert verschiedene Offshore-Krantypen bis zu 1.000 t Traglast und 110 m Auslegerlänge, Bordkrane bis 50 t Traglast, Schwerlastbordkrane bis 1.000 t Traglast sowie weitere Sonderkrantypen. Die Firmengründung erfolgte 1966 und 2004 wurden die LMG-Bordkrane übernommen.

Nach erfolgter Montage der Krane in Lübeck konnte das Schiff auslaufen. Die beiden O&K-Bordkrane konnten das gesamte Schiff abdecken. Die Krane vom Typ E2H waren mit einer Tragkraft von 20 bis 60 t lieferbar.
(Foto: Henning Dreyer)

Die Gelenkbordkrane waren speziell für die zunehmende Containerisierung entwickelt. Komplett horizontale Lastwege waren hier von großem Vorteil wie bei den landseitigen Containerbrücken. Eine automatische Parallelführung der Container zur Längsachse des Schiffes war ebenfalls vorhanden.

(Foto: Henning Dreyer)

Die heutigen TTS KL Krane sind sozusagen die Nachfahren der Bordkrane von Orenstein & Koppel und Lübecker Maschinebaugesellschaft. Die Krane werden mittlerweile in China produziert. Geliefert werden nach wie vor die Standard KL-Typen sowie die schmalen K-Typen. Die Reihe beginnt beim KL 30 t – 26 m für 30 t Tragkraft und 26 m Ausladung, das obere Ende ist der KL 250 t – 14 m für 250 t Traglast und 14 m maximaler Ausladung. Die Baureihe V umfasst Krane mit vier Seilen für den Greiferbetrieb und 30 t Tragkraft im Greiferbetrieb bzw. 25 t im Hakenbetrieb. Die TLB-Reihe ist speziell für Schüttgut entwickelt und besitzt eine Tragkraft von 24 t im Greiferbetrieb und maximal 26 m Ausladung.

TTS wurde 2018 von MacGregor übernommen und gehört somit zum Cargotec Konzern. Auch der Hamburger Kranhersteller NMF (Neuenfelder Maschinenfabrik) gehört seit 2012 zu TTS und somit ebenfalls zu MacGregor.

Die Gelenkbordkrane

Ein weiteres Standbein bei den Bordkranen waren die Gelenkkrane oder die O&K Stacklifter. Dieser Krantyp wurde 1982 entwickelt und zum Patent angemeldet. Jährliche Zuwachsraten im internationalen Güterverkehr und schnellere Umschlaggeschwindigkeiten am Kai führten auch zu diesen neuen Krankonzepten.

Sie wurden für die zunehmende Containerisierung entwickelt und man konnte natürlich bei der Entwicklung auch auf die weitreichenden Erfahrungen beim Bau der Gemini Bordkrane zurückgreifen. Ziel war es, Container, die per Lkw oder Schiene kamen, einfach zwischenzulagern und dann schnell auf die Frachtschiffe zu verladen.

Dabei waren optimale Sichtverhältnisse für den Bediener und eine geringe Bauhöhe eine zentrale Anforderung bei der Entwicklung. Es handelte sich bei dem Stacklifter um einen stationären Gelenkkran, der über Drehbewegungen eines auf einer stationären Säule schwenkenden Grund und Spitzenausleger eine Ausladung von bis zu 44 m besaß und der stationär im Hafen oder

Auf dem Prüfstandsareal in Lübeck erfolgte eine umfangreiche Erprobung der Krane auf Portal. Dieses war in der Lage, auch Neigungen bis zu 5 Grad zu ermöglichen, um den Kran zu testen. Denn die Bordkrane waren im Betrieb bis zu dieser Neigung ausgelegt.

(Foto: Henning Dreyer)

Die Kabine war so angeordnet, dass der Fahrer jederzeit eine optimale Sicht auf den Arbeitsbereich hatte. Das Lieferprogramm umfasste Typen von 25 t bzw. 35 t Tragkraft und Ausladungen von 24 m bis 44 m. Auch auf Portal direkt auf dem Schiff konnten die Krane eingesetzt werden.

(Foto: Henning Dreyer)

auch als Bordkran genutzt werden konnte. Die Krane waren mit Tragkräften von bis zu 35 t lieferbar. Über die beiden Gelenkarme konnten Container oder Stückgutlasten absolut horizontal wie bei landseitigen Containerbrücken gehoben werden.

Im stationären Einsatz im Hafen konnte dieser Krantyp eine Lagerplatzfläche von bis zu 4.650 m² abdecken. So konnten innerhalb dieser Fläche Container platzsparend gelagert werden, ohne dass Raum für die sonst notwendigen Fahrspuren mobiler Umschlaggeräte verloren ging. Dabei konnten bis zu fünf Container gestapelt werden.

Kaiseitig konnte der Stacklifter die Container auf die Transporter laden und diese wurden dann zur Containerbrücke gebracht, um verladen zu werden. Davor lagerten die Container für den Schienenweg und daran schloss sich der Bereich für den Lkw-Transport.

Lieferbar waren die Krane in den Typen BE 25 und BE 35. Der BE 25 hatte eine Tragkraft von 25 t im Containerbetrieb und 30 t im Stückgutbetrieb. Sein größerer Bruder konnte da 35 t bzw. 45 t heben. Beide Krane hatten eine maximale Ausladung von Mitte Drehpunkt Hauptturm bis zum Drehpunkt Spreader von 44 m. Auch die Gewichte der Krane waren beachtlich, denn der BE 25 wog bis zu 141 t und der BE 35 bis zu 168 t.

Die Krane konnten mit Spreader für 20-Fuß-Container eingesetzt werden oder mit Teleskopspreader für 20-Fuß-, 30-Fuß- und 40-Fuß-Container. Unter der Spitzendrehscheibe am Ausleger saß der Teleskop-Spreader, der den Umschlag von Containern ohne Hilfspersonal ermöglichte.

Darüber hinaus stand eine Traverse für Stückgut zur Verfügung. Zur Verladung von Schüttgut konnten die Krane auch mit einem Motorgreifer ausgerüstet werden.

Die Gelenkbordkrane waren entweder elektrohydraulisch oder elektrisch angetrieben. Der BE25 war für 25 t Tragkraft im Containerbetrieb und 30 t im Stückgutbetrieb ausgelegt. Der größere BE35 für 35 t im Containerbetrieb und 45 t im Stückguteinsatz. (Foto: Henning Dreyer)

Die Gelenkbordkrane wurden in Lübeck komplett montiert. Hierbei kamen dann mitunter auch Schwimmkrane zum Einsatz. Anhand der Monteure im Turm lässt sich die Größe gut erkennen. (Foto: Henning Dreyer)

Komplett mit den Gelenkkranen montiert tritt das Schiff seine Reise an; die Schiffe wurden zu dieser Zeit bereits in anderen Werften gebaut und die Krane dann in Lübeck montiert. Die Kabinen der Bordkrane waren so angeordnet, dass der Fahrer jederzeit eine optimale Sicht auf den Arbeitsbereich hatte.

(Foto: Henning Dreyer)

Links: In schmaler Ausführung wurden diese beiden Einzelkrane E2H auf dem Frachter „Weser Guide" der Reederei Weser Schifffahrts-Agentur montiert. Die Krane waren für 40 t Tragkraft ausgelegt und hatten 22 m Ausladung. Rechts: 1992 erhielt das Motorschiff „Santa Monica", ein 1.600-TEU-Containerschiff für die Hamburger Reederei Claus Peter Offen, vier O&K-Krane. Die Tragkraft lag bei 40 t, so dass auch 40-Fuß-Container umgeschlagen werden konnten. Im selben Jahr wurden noch weitere Schiffskrane ausgeliefert, so mehrere 40-t-Krane mit 30 m Ausladung.

(Foto links: Dirk Bömer)

Auch im Ausland wurden die Bordkrane gefertigt, um Transportwege zu verkürzen. Dazu zählten beispielsweise Brasilien, Japan, Korea und Spanien. *(Foto: Dirk Bömer)*

Der Saugbagger Bilberg I (Baunummer 775) wurde 1986 an Bilfinger & Berger ausgeliefert. Installiert waren auf dem Schiff zwei Bordkrane mit 30 t Tragkraft und 30 m Ausladung. *(Foto: Dirk Bömer)*

Auch der Schaufelradbagger 289 (Rheinbraun-Nummer) oder 1347 (O&K-Baunummer) erhielt 1981 einen 16-t-Bordkran mit 16 m Ausladung sowie einen 5-t-Bordkran mit ebenfalls 16 m Ausladung. Der Bagger war für eine Förderleistung von 240.000 m³ pro Tag ausgelegt und ging im Tagebau Hambach in Betrieb. Sein Dienstgewicht beträgt 12.730 t.

Oben: Zum späteren Produktprogramm gehörten auch Schwerlastkrane, wie dieser des Typs KL. Auf dem Typenschild war bei diesen Kranen dann schon Krupp zu lesen. Seine maximale Tragkraft betrug 200 t. (Foto: Henning Dreyer)

Mitte: Natürlich konnten die Krane auch im Tandembetrieb eingesetzt werden und so 400 t heben. Das Trägerschiff, die Industrial Chief, lief im August 2000 vom Stapel und fährt heute unter der Flagge der Marshall Islands. (Foto: Henning Dreyer)

Unten: Seine Bezeichnung lautete KL 200/185/60 t – 16/20/24. Somit erreichte er die maximale Tragkraft von 200 t bei 16 m Ausladung am Haupthub. Die 60 t Tragkraft bezogen sich auf 24 m Ausladung am Hilfshub. Die Lokomotive dürfte da keine große Last gewesen sein. (Foto: Henning Dreyer)

Je nachdem, wie die Krane angetrieben waren, wurde die Bezeichnung BE um einen weiteren Buchstaben E oder H ergänzt. Die BEH-Krane waren elektro-hydraulisch betrieben und verfügten über Hydraulik-Verstellpumpen, geschlossene Kreisläufe, die elektrisch angesteuert waren. Im Gegensatz dazu waren die BEE-Krane rein elektrisch betrieben und besaßen Umformer sowie Gleichstrom-Motoren.

Insgesamt 35 Bordkrane wurden auf Schiffen verbaut, die auch bei der Lübecker Orenstein & Koppel und Lübecker Maschinenbau Gesellschaft gebaut worden waren. Weitere mehr als 450 Krane wurden an andere Werften geliefert, darunter namhafte Werften wie Bremer Vulkan, Blohm + Voss AG, Hyundai Shipbuilding and Heavy Industries Co. Ltd. oder Mitsubishi Heavy Industries.

Oben links: Die entladene Diesellokomotive war für Panama Canal Railway Company bestimmt. Auf der eingleisigen Strecke werden Container zwischen der Atlantikseite (Colon) und der Pazifikseite (Balboa bei Panama Stadt) transportiert. Der Kran selber wog 121 t. *(Foto: Henning Dreyer)*

Oben rechts: Nach der Abspaltung von Krupp trat der Bereich der Bordkrane dann eigenständig auf. Der Prospekt aus dieser Zeit informierte über die Reihe der Bordkrane.

Mitte: Die Größe des gewaltigen Auslegers erkennt man gut an dem LMG-Mitarbeiter am rechten Bildrand. Seitlich ist das LMG-Logo zu sehen. *(Foto: Henning Dreyer)*

Unten: Weiterhin angeboten wurden verschiedenste Bordkrane, auf Portal oder für Mehrzweck- oder Stückgutfrachter. Die Baureihe K war für Container Handling ausgelegt. *(Foto: Henning Dreyer)*

Oben:

Links: Die Fertigung ging in Lübeck auch unter TTS weiter. Im Werk entsteht gerade der Stahlbau eines Bordkranes des Typ KS. Erst 2005 wurde die Produktion der Krane nach China verlegt, wo sie auch heute noch erfolgreich gebaut werden. *(Foto: Henning Dreyer)*

Rechts oben: Anhand des dreietagigen Gerüstes lässt sich die Höhe des Kranes erahnen. Beim größten Kran mit 40 t Tragkraft war der Kranturm 13,2 m hoch. *(Foto: Henning Dreyer)*

Rechts unten: Der Kran des Typs KS ist bereit zur Lackierung. Das S stand dabei für die Bezeichnung des Krans in halbschmaler Ausführung. *(Foto: Henning Dreyer)*

Links:

Nach erfolgter Lackierung wurde der Turm aus den Hallen gefahren und war bereit zur weiteren Montage. *(Foto: Henning Dreyer)*

Das Aufrichten des Turmes übernahm der alte Werkskran in Zusammenarbeit mit einem 160-t-Tadano Faun Autokran. *(Foto: Henning Dreyer)*

Links: Fertig montiert auf dem Schiff konnte der Kran dann auf dem Lübecker Werksgelände in Betrieb genommen werden. Der Kran trägt das TTS-Logo, während auf der Halle noch das schöne LMG-Logo zu erkennen ist. Rechts: Nach erfolgter Montage konnte das Abtesten beginnen und der Kran war einsatzbereit. *(Fotos: Henning Dreyer)*

Oben: Gewaltig ragte der Ausleger in den Himmel. Aus der Kabine hatte der Fahrer eine optimale Sicht auf den Arbeitsbereich.

(Foto: Henning Dreyer)

Rechts: Auch die Schwerlastkrane wurden nach Ende der Krupp Fördertechnik-Zeit und Übernahme durch TTS weitergebaut. Die Tragkräfte lagen dann sogar bei 250 t.

(Foto: Henning Dreyer)

Die Montage der vormontierten Krane auf dem Schiff erfolgte zumeist im Tandemhub mit den in Lübeck vorhandenen Werkskranen.

(Foto: Henning Dreyer)

Autokrane aus Lübeck

Kapitel 5

Die P&H Autokrane kommen

Eng mit dem Werk in Lübeck sind auch die Autokrane verbunden. Der Name O&K – obwohl die berühmte Marke leider nicht mehr existiert – stand ja eigentlich immer für Erdbewegung. Wer kennt die roten Bagger, Radlader oder Grader nicht. Selbst heute sind sie noch hin und wieder auf Baustellen zu sehen und die ganz großen Mining-Bagger werden auch heute sogar hin und wieder noch liebevoll als O&K bezeichnet.

Weniger bekannt und auch weniger verbreitet waren hingegen die Autokrane von O&K. Während die Schiffskrane über viele Jahre ein klarer Bestandteil im Produktprogramm waren, so währte die Ära der Autokrane von O&K nicht so lange und deckte lediglich einen Zeitraum von rund zehn Jahren ab.

Sie wurden wohl nur als Ergänzung des Kernproduktprogrammes von Erdbaumaschinen gesehen. Waren die Bagger, Radlader oder Grader auf jeder Messe in großer Anzahl vertreten, so gab es durchaus auch Messen, wo man Krane nicht zeigte. Dazu gehörte zum Beispiel die Hannover Messe 1976.

In Lübeck beobachtete man aber den Markt und die zügige Entwicklung der Teleskopkrane vorangetrieben durch Liebherr, Gottwald, Demag oder Krupp. Aber auch kleinere Hersteller wie Menck oder Rheinstahl in Deutschland sowie PPM in Frankreich boten kleinere Hydraulikkrane an.

Anfangs dominierten auf Baustellen noch die großen Gittermastkrane. Teleskopkrane kamen erst langsam auf und das Düsseldorfer Unternehmen Gottwald war hier definitiv Wegbereiter. So zählte der zweiachsige AMK 45-21 für 18 t Tragkraft zu den ersten Teleskopkranen Mitte der 1960er-Jahre.

Diese neue Krangattung begann anschließend immer populärer zu werden, konnte sie doch schnell und vor allem ohne großen Rüstaufwand von einem Einsatz zum nächsten fahren und damit sogar zwei oder mehr Einsätze an einem Tag abwickeln. Viele Unternehmen begannen, kleinere Teleskopkrane anzubieten. Viele dieser Namen verschwanden im Laufe der Zeit aber ebenfalls wieder, darunter zum Beispiel Kässbohrer oder Rheinstahl.

Natürlich lagen auch heute übliche Tragkräfte von 500 t oder bis zu 1.200 t damals noch in weiter Ferne; O&K bewies aber ein gutes Marktgespür und

Von 1970 bis etwa 1974 hatte Orenstein & Koppel eine Partnerschaft mit Harnischfeger. So gelangten in diesem Zeitraum Bagger wie der RH 25 auch nach Amerika. Gebaut wurde der Bagger rund 28 mal. Parallel dazu konnte Orenstein & Koppel dann die amerikanischen Autokrane anbieten.

Kraftvoll und typisch amerikanisch wurde der P&H RH 25 in Szene gesetzt und beworben.

begann Anfang der 1970er-Jahre erste Autokrane mit in das Produktprogramm aufzunehmen.

Bevor eigene Konstruktionen angeboten wurden, suchte man sich daher mit P&H einen starken Partner, mit dem man ja auch bei Hydraulikbaggern schon zusammengearbeitet hatte. So konnten schnell erste Autokrane angeboten werden.

Im früheren Kundenmagazin „Contact" ist Anfang 1973 zu lesen, dass der Markt für Hebezeuge wächst und effiziente Lösungen benötigt werden, so zum Beispiel beim Fertigteilbau. Federführend für Teleskopkrane zeichnete seinerzeit im O&K-Konzern das Werk Lübeck. Gab es Krane von O&K bis dato nur als Hydraulikbagger mit speziellem Gittermastausleger – durchaus üblich für die damalige Zeit –, mussten dann Krane ins Produktprogramm aufgenommen werden.

Interessanterweise wurden auch kleinere Geräte als P&H-O&K-Maschinen verkauft. Dieser RH 9 wurde sogar bis nach Malaysia geliefert und war hier im März 1974 im Einsatz.

Im gleichen Zeitraum und im gleichen Malaysia-Einsatz war dieser MH 6. Das kombinierte O&K- und P&H-Logo sieht auf jeden Fall interessant aus.

Und so entschloss sich O&K zu einem Lizenzaustausch mit P&H Harnischfeger in den USA, denn die veränderten Transportgewohnheiten verlangten allerorten nach umfassenderen Lösungen, heißt es in einer Veröffentlichung. Eine Entscheidung, die sich bewähren sollte, denn, so schreibt Contact, Hebeaufträge für Kranspezialisten würden sich binnen drei Jahren verdoppeln.

So gelangten sogar Raupenbagger aus der Berliner und Dortmunder Produktion in die Vereinigten Staaten. Ab 1970 wurden von Orenstein & Koppel dann zunächst die Krantypen T 150, T 300 und T 650 angeboten. Die P&H-Autokrane kamen aus Übersee und wurden in Lübeck zunächst für den europäischen Markt modifiziert.

Mit den drei Typen wurde ein Tragkraftspektrum von 15 t bis 65 t abgedeckt. Man achtete auch auf den Stahlbau, denn der kleine T 150 rollte auf einem dreiachsigen Fahrgestell über unsere Straßen. Viele Jahre später würden Dreiachser nahezu das Vierfache heben können.

Bereits 1973 bestand dann das Kranprogramm aus vier Krantypen, dem Geländekran (RT-Kran) R 210 und den Fahrzeugkranen T 200, T 300 und T 750. Erste Produktübersichten sind im zeitgenössischen O&K-Layout erstellt und tragen zum O&K-Logo auch das von P&H.

Typisch für die amerikanischen P&H-Krane der T-Baureihe und auch später für die O&K-Krane war die Abstützung. Diese war als Scherenabstützung ausgebildet und ist heute praktisch nicht mehr im Kranbau zu finden.

Die teleskopierbaren Stützträger waren dabei am Fahrgestell pendelnd verbolzt. Ein Hydraulikzylinder fuhr die Stütze aus, ein weiterer Zylinder, der am Fahrgestell montiert war, sorgte dann für den Niveauausgleich. An den Stützträgern waren vier Platten befestigt, die den Kontakt zum Boden hatten und für einen guten Bodenkontakt sorgten. Insgesamt wurde hier eine horizontale und diagonale Bewegung auf einer Kreisbahn durchgeführt.

Später sollte sich bei Teleskop- und auch Gittermastkranen aber eine andere Technik durchsetzen, nämlich die typische H-Abstützung bis rund 500 t Tragkraft und bei größeren Kranen die Sternabstützung aufgrund besserer Kräfteverhältnisse.

Auch der Wettbewerb ging seinerzeit ähnliche Wege. Menck in Hamburg war zwischenzeitlich von Koehring übernommen worden und konnte so auch in Deutschland das eigene Produktprogramm mit den amerikanischen Autokranen ergänzen. Der T 788 hatte eine Traglast von 27 t.

Oben: Der Hydraulikkran R 180 war noch eine amerikanische Konstruktion. Seine Tragfähigkeit betrug 18 t. Hier ist der Kran in roter Orenstein & Koppel-Lackierung auf dem ehemaligen O&K-Gelände der Niederlassung Dortmund im Einsatz.

Oben: Typisch für den R 180 war die Kabine auf dem Unterwagen in ihrer charakteristischen Form. Alle Geländekrane, die O&K bis Anfang 1980 produzierte, waren nach demselben Prinzip konstruiert.

Rechts: Der kleine Geländekran war mit seiner großen Bereifung perfekt für rauhes Gelände geeignet. Auf dem Dortmunder Werksgelände galt es hier im Jahre 1970 allerdings kleinere Materialien zu transportieren.

Rough Terrain Kran R 210

Meilenstein und Start für die O&K-Autokrane war ein Treffen der Exporthändler im Werk Lübeck, das am 21. April 1971 stattfand. Auf diesen Termin freuten sich übrigens auch die Briefmarkensammler im Sekretariat des Werkes an der Küste, wie die Kundenzeitschrift „Contact“ von 1971 berichtet. Denn teilnehmen würden die Verkaufsorganisationen aus den verschiedensten Ländern und wenn diese ihre Teilnahme durch Briefe bestätigten, schlugen die Herzen der Briefmarkensamm-

Auf dem Exporthändlertreffen in Lübeck am 21. April 1971 feierte der Hydraulikkran R 210 seine Premiere. Als Weiterentwicklung aus dem amikanischen R 180 mit europäischer Technik, erläuterten die verantwortlichen Ingenieure aus Dortmund und Lübeck den Kran. Ein ausgiebiges Testen war natürlich inbegriffen.

Anfang der 1970er-Jahre halfen die Krane auf dem Dortmunder Werksgelände von Orenstein & Koppel bei Montagearbeiten. Als Montagekrane nutzte man unter anderem einen Bundeswehrkran sowie den R 210. Hinter dem Gerät verläuft heute die S-Bahn Linie.

Die typische nach oben schmal zulaufende Kabine wurde vom amerikanischen Vorgängermodell übernommen. Viel Platz und Bewegungsfreiheit war jedenfalls nicht gegeben. Im Datenblatt von 1971 wird die Kabine sogar nicht mal erwähnt – heute sicher undenkbar.

Rechts: Im Gelände konnte der 22 t schwere Kran bis zu 22 km/h fahren. Anfang 1971 ist dieser Kran in einer Kiesgrube getestet worden. Auf der Straße waren sogar Geschwindigkeiten bis 44 km/h im dritten Gang möglich.

Unten: Im schönen O&K-Rot wird dieser R 210 ausgiebig getestet. Beide Achsen waren angetrieben, wobei die Hinterachse pendelnd und verriegelbar ausgeführt war. Letzteres wurde benötigt, wenn mit Last verfahren wurde.

Die Abstützbasis betrug 5,5 m längs und 4,4 m in der Breite. So waren bei diesem Einsatz maximal 16,5 t Tragkraft möglich. Zwei Teleskope konnten hydraulisch unter Last auf 19,8 m Auslegerlänge teleskopiert werden. Mit einem mechanischen Teleskop war dann eine Verlängerung von 5,5 m machbar; mit Spitzenausleger betrug die maximale Hakenhöhe 24 m.

Links: Im Juli 1973 hatte dieser R 210 einen Keller aus Betonfertigteilen zu bauen. Bei gezeigtem Einsatz dürfte die maximale Tragkraft zwischen 5,7 t und 4,2 t gelegen haben. Unterstützend dabei war auch das fest montierte Gegengewicht, das 1 t wog.

Oben: Eingeschert war der Haken mit sechs Strängen bei drei Rollen. So waren dann maximal 16 t Tragkraft möglich. Die Hubwinde konnte 125 m Seil aufnehmen. Für die Kellerelemente war dies ausreichend.

Der Einsatz hier in 1973 lag offensichtlich in etwas schwer erreichbarem Gelände und der schöne MAN-Lkw konnte die Fertigteilelemente nicht aus eigener Kraft zur Baustelle bringen. Das Gelände war für den R 210 jedenfalls kein Problem.

Mit dem R 210 und seiner Geländegängigkeit konnte der Einsatz nahe Sinsheim so erfolgreich beendet werden. Übrigens lag der Kraftstoffverbrauch bei 20 l pro Stunde.

ler sicher höher. Dies bewies auch nahezu hundert Jahre nach Firmengründung, dass O&K sich erfolgreich auf die internationalen Märkte konzentrierte. An diesem Tag erwartete die internationalen Händler eine interessante Premiere. Hauptdarsteller bei diesem Treffen war der Hydraulikkran R 210, dessen Vorgänger der R 180 von P&H Harnischfeger aus Milwaukee in Wisconsin/USA war.

Der R 210 ging aus dem P&H R 180 hervor und war ein Geländekran für 21 t Tragkraft. Die O&K-Ingenieure in Dortmund und Lübeck hatten den amerikanischen R 180 konstruktiv weiterentwickelt. Dabei verwendete man Komponenten bekannter Hersteller wie zum Beispiel Deutz-Motoren. So sorgte ein luftgekühlter Deutz-Dieselmotor F 6 L 413 für 152 PS Leistung.

Es wurden im Lübecker Werk sogar neue Produktionsanlagen eigens für den R 210 installiert, so dass die Serienfertigung im April 1971 beginnen konnte. Natürlich wurde der Kran auch auf Messen gezeigt. 1971 fand in München die Baumaschinenmesse bauma statt und O&K präsentierte dort stolz den R 210 und auch den seinerzeit größten Hydraulikbagger, den rund 100 t schweren RH 60.

Ausgerüstet mit Allradlenkung und großvolumigen Reifen, waren auch schwierigste Bodenverhältnisse kein Problem für den R 210. Einwandfreie Fahreigenschaften waren sogar im „Karnickelsand“ gegeben, wie es in einem Einsatzbericht von 1971 heißt. Die Allradlenkung verlieh dem Fahrzeug auch bei engen Einsätzen ausgezeichnete Wendigkeit und ermöglichte auch das Fahren im „Hundegang“ bei besonders engen Baustellen.

Um die Vorteile des Krans zu erläutern, wurden im Job Report schöne Vergleiche gezogen: „Transportprobleme lassen sich mit dem R 210 leichter lösen – ganz gleich, ob er sich auf weichem Waldboden bewegt, um einen Hochsitz umzusetzen – oder ob er einen schweren, doppelwandigen Öltank auf einem Fabrikhof transportieren muss.“ Wie oft werden die gelieferten Krane wohl wirklich einen Hochsitz im Wald versetzt haben?

Die Bedienung des Kranes erfolgte vom Unterwagen aus, von dort steuerte der Fahrer alle Fahr- und auch Kranbewegungen. Beim Fahren war sicher beste Sicht gegeben, wenn aber Lasten hinter der Kabine bewegt werden mussten, so benötigte der Fahrer sicher ein „drehbares“ Genick. Übrigens gab es den Kran nicht nur für die zahlreichen Baustellen. Auch für die vielen Vitrinen der Modellsammler wurden der R 210 und der R 180 als Modell im Maßstab 1:50 von Gescha (später Conrad) als schönes Sammlermodell produziert.

Oben: Nach dem Start der Partnerschaft wurde diese auch gleich gezeigt, wie hier auf der Hannover Messe 1970. Größtes Exponat war sicher der RH 60, der im Betrieb alle Blicke auf sich zog. Gezeigt wurde auch der RH 25 in gelber P&H-Version.

Unten: Stolz präsentierte Orenstein & Koppel alle Maschinen auf Messen. Hier galt es, den Stand für die Hannover Messe 1972 aufzubauen. Dabei konnte der R 210 gleich unterstützen. Gezeigt wurde in diesem Jahr auch der größere P&H-Kran T 200 und sogar noch ein mobiler Seilkran vom Typ M 4.

Rough-Terrain-Krane oder RT-Krane sind in den USA auch heute noch extrem beliebt, in Europa hingegen sind sie deutlich weniger verbreitet. Anbieter sind zum Beispiel Grove oder Link-Belt. Angetrieben wurde der kleine 21-Tonner von einem luftgekühlten Deutz-Dieselmotor mit 152 PS Motorleistung. Damit wurde der kleine Kran auch schon auf europäische Verhältnisse angepasst, denn Deutz-Motoren waren wesentlich mehr verbreitet als die originalen Detroit-Dieselmotoren. Der Kraftstoffverbrauch lag bei 20 l/h.

Mit den drei Gängen konnte der 22 t schwere Kran sogar bis zu 44 km/h schnell fahren. Mit der Klappabstützung verfügte der Kran über eine Abstützbasis von 5,5 m mal 4,4 m Breite. So erreichte er auch die maximale Tragkraft von 21 t bei 2,75 m Ausladung. Unabgestützt konnten über die Vorderachse 10,5 t frei verfahren werden. Dies galt allerdings nur bei nicht ausgefahrenem Ausleger. 1972 wurde der Kran auch mit einer verbesserten Geländegängigkeit durch eine großvolumige Breitbereifung (20,5-25 Michelin XRB) ausgeliefert, Standard war 16.00-25 EM. Fünf dieser so ausgerüsteten Krane gingen im selben Jahr an den holländischen Kranverleiher Van Twist.

Dieser R 210 erstrahlte in schönem Gelb. Für die Bewegungen waren vier Axialkolbenpumpen installiert, die für Ausleger heben/senken, Ausleger teleskopieren, Abstützungen und Winden sowie Schwenken und lenken zuständig waren.

Tragkräfte von bis zu 8,6 t bei diesem Lastfall reichten aus, um kleinere Bauteile für dieses Tagebaugerät zu montieren. Derrickkrane zur Montage von schwereren Abuteilen waren in den 1970er-Jahren noch sehr verbreitet, da große Krane noch nicht in ausreichender Menge vorhanden waren.

Und die Kunden waren insgesamt mit dem wendigen Kran auch sehr zufrieden. Im September 1972 erhielt die Isernhagen-Beton GmbH in Hankensbüttel (Landkreis Gifhorn) ihren R 210 und schrieb in der O&K Contact 1973 in einem Brief über die Zufriedenheit. Es heißt: „Obwohl in heutiger Zeit negative Beurteilungen an der Tagesordnung sind, können wir nicht umhin, Ihnen zu diesem Gerät in jeder Hinsicht zu gratulieren. (…) Wir sind froh, uns seinerzeit zum Kauf des R 210 entschlossen zu haben und freuen uns, neben der guten Beschaffenheit des Gerätes, auch immer wieder über die konziliante Geschäftsabwicklung mit Ihrer Gesellschaft.“ Interessant ist sicher die Aussage, dass auch schon lange vor den Sozialen Medien unserer Zeit schlechte Bewertungen scheinbar kein unbekanntes Phänomen waren.

Nach Auslaufen des Lizenzabkommens war der R 210 Ende der 1970er-Jahre noch als überarbeiteter 20-t-RT-Kran R-200M von P&H in Deutschland erhältlich; P&H hatte mittlerweile auch ein Vertriebsbüro in Dortmund. Alternativ konnte der Kran auch mit Detroit-Dieselmotor geliefert werden.

Und so zielte das Kranangebot neben dem R 210 insgesamt auf die unteren und mittleren Leistungsklassen.

Autokrane T 200, T 300 und T 750

Die Autokrane der T-Baureihe waren noch reine amerikanische Konstruktionen, so befand sich die Oberwagenkabine rechts auf dem Fahrgestell. Das originale P&H-Kranprogramm sah in den 1970er-Jahren zunächst vier Typen von 15 t bis 30 t Tragkraft vor. Bei O&K waren dann die Typen T 200 und T 300 lieferbar.

Der T 200 bei O&K hatte eine maximale Tragkraft von 20 t. Das 6x4-Fahrgestell kam ebenfalls aus der Produktion von P&H. Für den Antrieb sorgte ein Cummins V8-185 Dieselmotor mit acht Zylindern für 185 PS Motorleistung; ein Oberwagenmotor war nicht vorhanden. Damit entsprach der Kran vom Konzept her schon heutigen modernen Einmotorenkranen. Auch Geschwindigkeiten auf der Straße von bis zu 80 km/h waren so kein Problem.

Die typische Scherenabstützung wurde beworben als unabhängig steuerbar von beiden Fahrzeugseiten. Die Einmannbedienung erfolgte durch die selbstzentrierenden Abstützplatten. Zudem ergab sich eine größere Bodenfreiheit.

Die maximale Tragkraft von 19 t konnten bei 3 m Ausladung seitlich oder nach hinten am 7,9 m langen Ausleger gehoben werden. Die dreirollige Hakenflasche war dann mit sieben Strängen einzuscheren. Ballastiert war der Kran mit überschaubaren 1,8 t; der Ballast konnte zudem über die Zusatzwinde demontiert werden. Die Zusatzwinde war auch im Betrieb mit Spitze und zwei Haken notwendig.

Der größere T 300 war vom Konzept her dem T 200 sehr ähnlich und fuhr auf einem vierachsigen P&H-Chassis. Seine maximale Tragkraft betrug 30 t, für die acht Stränge am vierrolligen Haken notwendig waren. Ballastiert war der Kran mit 3,6 t; ebenfalls über die Zusatzwinde abnehmbar. Im Einsatzreport – der aus dem Jahre 1973 stammt – wurde damit geworben, dass O&K bei mehr als 15.000 verkauften Hydraulikbaggern in Sachen Hydraulik weitreichende Erfahrungen hat: „In Sachen Hydraulik macht uns keiner was vor", hieß es wörtlich.

Und zum Kran wurde hervorgehoben: „Zwischen Hakenflasche und Rückstrahler kaufen Sie bei uns 30 Jahre Kranerfahrung. Zwischen O&K und P&H hat sich eine enge Zusammenarbeit entwickelt, die Ihnen Spitzenerzeugnisse garantiert."

Gemeinsam mit einem Bundeswehrautokran hebt der R 210 den Ausleger in Position. Auf dem Platz befindet sich 2020 noch die Verladung der großen Baggerkomponenten.

Man hatte also mit den Kranen sicher hohe Erwartungen gehabt und begann die Krane auch an die Anforderungen des europäischen Marktes anzupassen. Ein erstes Ergebnis war dann der größere T 750. Seine ebenfalls amerikanischen P&H-Wurzeln konnte der Kran nicht leugnen; auf den Prospekten Ende 1973 war aber das P&H-Logo bereits verschwunden und der Kran wurde als O&K T 750 vermarktet.

Größter Unterschied war im Vergleich zu den beiden kleineren Kranen das neue Fahrgestell. Das Fahrgestell des Kranes kam nicht mehr aus amerikanischer Produktion, sondern vom belgischen Unternehmen MOL. Das fünfachsige Fahrgestell wurde von einem 340 PS (250 kW) starken Deutz-Motor angetrieben, für konstante Achsdrücke wurde wahlweise auch eine Nachlaufachse angeboten.

In diesen Jahren war es auch weit verbreitet, dass Anbieter wie MOL, SFB oder Faun reine Fahrgestelle für Krane anboten und diese dann an die Hersteller wie Demag oder Gottwald verkauften.

Beschrieben wurde der T 750 als „Spitzengerät unter den Autokranen aus dem derzeitigen O&K-Angebot". Das Lastmoment des Kranes von 257 mt und der Verkaufspreis von unter DM 10,- pro Kilogramm Hubkapazität machten diesen Kran eben zu dem Spitzengerät, wie es in dem Bericht weiter heißt.

Der T 750 wurde aufgrund seiner Größe nach dem 2-Motoren-Konzept produziert. Im Oberwagen sorgte ein GM-Zweitakt-Dieselmotor für 187 PS (137,5 kW). Dieser bewegte eine doppelte Zahnradpumpe für maximal 170 bar und für eine Fördermenge von 397/347 l/min sowie eine Zusatzpumpe zur Bremsung der Winde. Diese fasste maximal 152 m Seil, das bei zwölffacher Seilscherung eine Tragkraft von maximal 68 t nach hinten bot. Beide Seilwinden waren P&H-Entwicklun-

Oben links: Kleinster Autokran der Partnerschaft mit P&H war der T 150. Der kleine dreiachsige Kran war für 13 t Tragkraft ausgelegt. Um 1970 wurde er von der O&K Export und Handelsgesellschaft vermarktet.

Oben rechts: Im mittleren Tragkraftfeld war der T 300 angesiedelt. Mit einer Tragkraft von 27 t war er ebenfalls auf den Industriebau ausgerichtet. Man darf nicht vergessen, dass heutige Tragkräfte von 250 t und mehr noch nicht so selbstverständlich waren wie heute.

Unten: Größter Kran der anfänglichen Partnerschaft war der T 650. Seine maximale Tragkraft lag bei 59 t. Die Typenbezeichnung ergab sich aus der amerikanischen Angabe der Tragkraft von 65 short tons.

gen, bei den kleineren Kranen kamen diese noch von Geramatic. Ballastiert war der Kran mit 5,4 t.

Anfangs wurde der T 750 noch in den Werksfarben Schwarz/Gelb von P&H angeboten. Später erstrahlten die Krane T 750, T 300 und T 200 aber auch in dem schönen Rot von Orenstein & Koppel, wobei das Fahrgestell schwarz lackiert war und ein rotes Fahrerhaus besaß.

Auf der Hannover Messe 1973 präsentierte sich O&K noch mit den drei Autokranen und auch dem R 210 neben dem Erdbewegungsprogramm. Ein Jahr später war O&K dann auf der Hannover Messe zunächst gänzlich ohne Krane präsent, da die Zusammenarbeit mit P&H endete. Bei O&K war dagegen die Entwicklung eigener Krane voll im Gange. Dennoch, der T 750 mit seinen 68 t Tragkraft blieb für immer der größte Autokran bei O&K.

Dieser T 650 ist mit der Montage eines Turmdrehkranes beschäftigt, der zunächst auf einer geringen Höhe montiert wurde und später auf die erforderliche Höhe kletterte. Tragkräfte von bis zu 10 t bei diesem Rüstzustand dürften hier ausreichend gewesen sein.

Oben: Unverkennbar ist die amerikanische Herkunft des Fahrgestells. Das vierachsige Fahrgestell wurde von P&H selber produziert. Im Fahrgestell sorgte ein GM-Dieselmotor für 228 PS Leistung und im Oberwagen ein weiterer mit 170 PS.

Rechts: Der dreiachsige T 200 wurde bereits von Orenstein & Koppel als O&K P&H T 200 vermarktet. Der Prospekt trug zwar beide Logos, entsprach aber dem allgemeinen O&K Corporate Design. Hier zeigt sich der Kran auf dem Dortmunder Werksgelände.

Links: Das Fahrgestell des T 200 kam nach wie vor von P&H direkt. Im fünften Gang konnte der Kran sogar bis zu 80 km/h schnell fahren. Ein Cummins V8-185E Dieselmotor im Fahrgestell sorgte für 123 kW Leistung. Rechts: Optional konnte der T 200 mit einem vierteiligen Kranausleger für 24 m Hakenhöhe bestellt werden. Zwei Teleskope konnten hydraulisch ausgefahren werden, die oberste vierte Sektion musste mechanisch ausgeschoben werden. Mit Spitzenausleger kam der Kran dann auf knapp 30 m Hakenhöhe. Dort konnte er noch maximal 3,8 t heben.

Typisch für die amerikanischen Krane war auch die Scherenabstützung. Diese war bei Kranen aus den USA ohnehin weiter verbreitet und wurde von O&K auch für die späteren eigenen Krane verwendet. Durchgesetzt hat sich die Technik aber nicht.

Im Juli 1973 stand der rote T 200 im O&K Kleid auf dem Dortmunder Werksgelände. In der Halle dahinter befindet sich im Jahre 2020 die Lackierhalle. *(Foto: Dirk Bömer)*

Im August 1973 hatte dieser T 200 seinen Einsatz. Das P&H-Logo ist gut erkennbar auf dem roten Ballastgewicht. *(Foto: Dirk Bömer)*

Oben links: Hier zeigt sich der T 300 in der ehemaligen Dortmunder Niederlassung. Die vertikalen Zylinder der Scherenabstützung sind gut erkennbar. Der T 200 war mit 1,8 t Gegengewicht ausgestattet.

Oben rechts: Der nächst größere T 300 konnte mit bis zu 80 km/h den Einsatzort wechseln. Seine maximale Tragkraft lag bei 27 t. Für den Antrieb des gesamten Kranes sorgte ein GM-Dieselmotor mit 154 kW.

Rechts: Der 30-t-Kran spielte seine Stärke unter anderem im Hallenbau aus. Tragkräfte von bis zu 2,9 t bei rund 20 m Ausladung waren bei diesem Einsatz ausreichend.

Oben links: Im September 1971 war dieser T 300 mit kleineren Hubarbeiten im Einsatz. Der Kran war bereits im typischen O&K-Rot lackiert, er konnte seine Herkunft jedoch nicht verleugnen.

Oben rechts: Die Kraftstofftanks dürften für den T 300 keine große Herausforderung gewesen sein. Die maximale Tragkraft konnte der Kran mit komplett eingescherter vierrolliger Hakenflasche heben.

Unten: Mit Spitzenausleger erreichte der T 300 eine Hakenhöhe von 37 m. Am steilgestellten Ausleger waren dann noch 2 t bei geradem Spitzenausleger zu heben. War dieser – wie auf dem Bild – bei 15 Grad angewinkelt, konnten noch 1,2 t gehoben werden.

Oben: Der T 300 ist mit seinem Einsatz fertig und rüstet sich ab. Warum der Spitzenausleger montiert ist, der Haupthaken aber eingeschert, blieb leider unbekannt.

Rechts: Auf dieser Baustelle galt es, Bauelemente zu heben. Auch dafür reichte der 30-Tonner aus. Betrugen die Tragkräfte zur Seite bei rund 12 m Ausladung noch um die 4,2 t.

Oben: Das vierachsige Fahrgestell kam ebenfalls aus P&H-eigener Fertigung und wog 14 t. Alle Achsen stammten vom Hersteller Rockwell. Angetrieben waren lediglich beide Hinterachsen.

Unten: Dieser T 300 arbeitete 1975 in Stockholm beim Einbau von O&K-Rolltreppen. Der Auftrag bestand aus 52 Treppen, von denen 18 überlang waren. Der T 300 hatte etliche der Hubarbeiten zu übernehmen.

Oben: Der T 300 ist bereit zur Abfahrt nach getaner Arbeit. Die amerikanische Herkunft des Kranes ist auch in roter Lackierung deutlich erkennbar. *(Foto: Dirk Bömer)*

Mitte: Dieser Einsatz liegt auch schon lange zurück, nämlich fast 50 Jahre. Im September 1971 kann der Fahrer in seinen Feierabend starten. *(Foto: Dirk Bömer)*

Unten links: Der P&H T 300 ist mit der Montage der Kabine beschäftigt. Im Hintergrund ist ein Teil des Dortmunder Verwaltungsgebäude zu erkennen, das im Jahre 2020 unter anderem die Kantine und Besprechungsräume beherbergte.

Unten rechts: Durch die Partnerschaft mit P&H konnten bei der Montage in Dortmund dann die amerikanischen Krane genutzt werden. Der T 300 half hier beim Handling größerer Komponenten. Auf dem Ausleger befindet sich schon das kombinierte O&K- und-P&H-Logo.

Hydro-Teleskopkrane Lieferprogramm

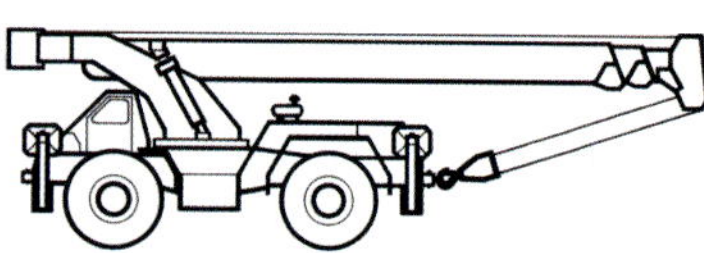

Mobilkran R 210

Tragfähigkeit:	21 t
Hakenhöhe:	20 m
Hakenhöhe max.	29 m
Geschwindigkeit:	50 km/h

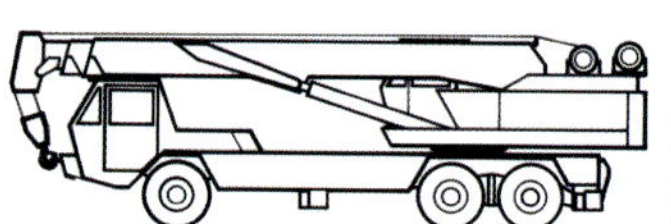

Autokran T 200

Tragfähigkeit:	18,3 t
Hakenhöhe:	19 m
Hakenhöhe max.	30 m
Geschwindigkeit:	80 km/h

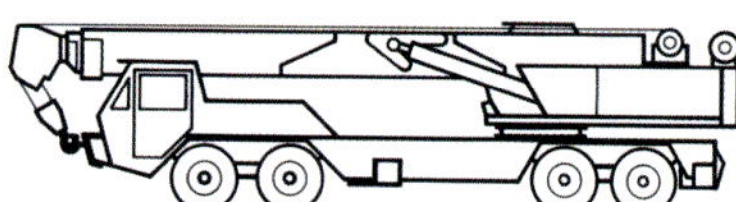

Autokran T 300

Tragfähigkeit:	27,2 t
Hakenhöhe:	24 m
Hakenhöhe max.	38 m
Geschwindigkeit:	80 km/h

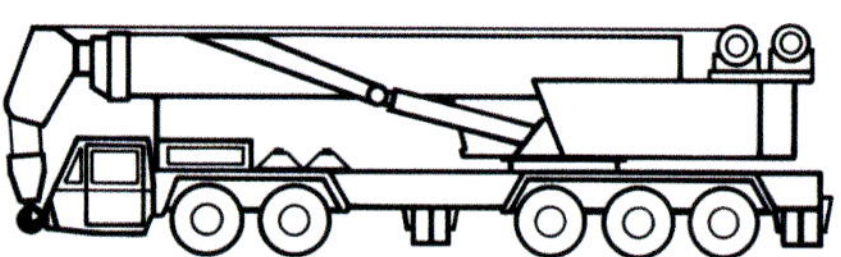

Autokran T 750

Tragfähigkeit:	68 t
Hakenhöhe:	32 m
Hakenhöhe max.	53 m
Geschwindigkeit:	62 km/h

Links: Die Produktübersicht von 1973 zeigt die Teleskopkrane im Überblick. Die Partnerschaft endete bereits kurz darauf.

Oben: Das Foto zeigt eine frühere US-Version des P&H T 750 und datiert aus dem Dezember 1973. Orenstein & Koppel erkannte, dass die US-amerikanischen Unterwagen in Deutschland wohl weniger Zuspruch fanden und bot den Kran dann später mit europäischen Unterwagen an. *(Foto: Dirk Bömer)*

Der T 750 mit 68 t maximaler Tragkraft wurde schon mehr auf die europäischen Markterfordernisse angepasst. So kam der Kran mit einem fünfachsigen Fahrgestell des belgischen Herstellers MOL.

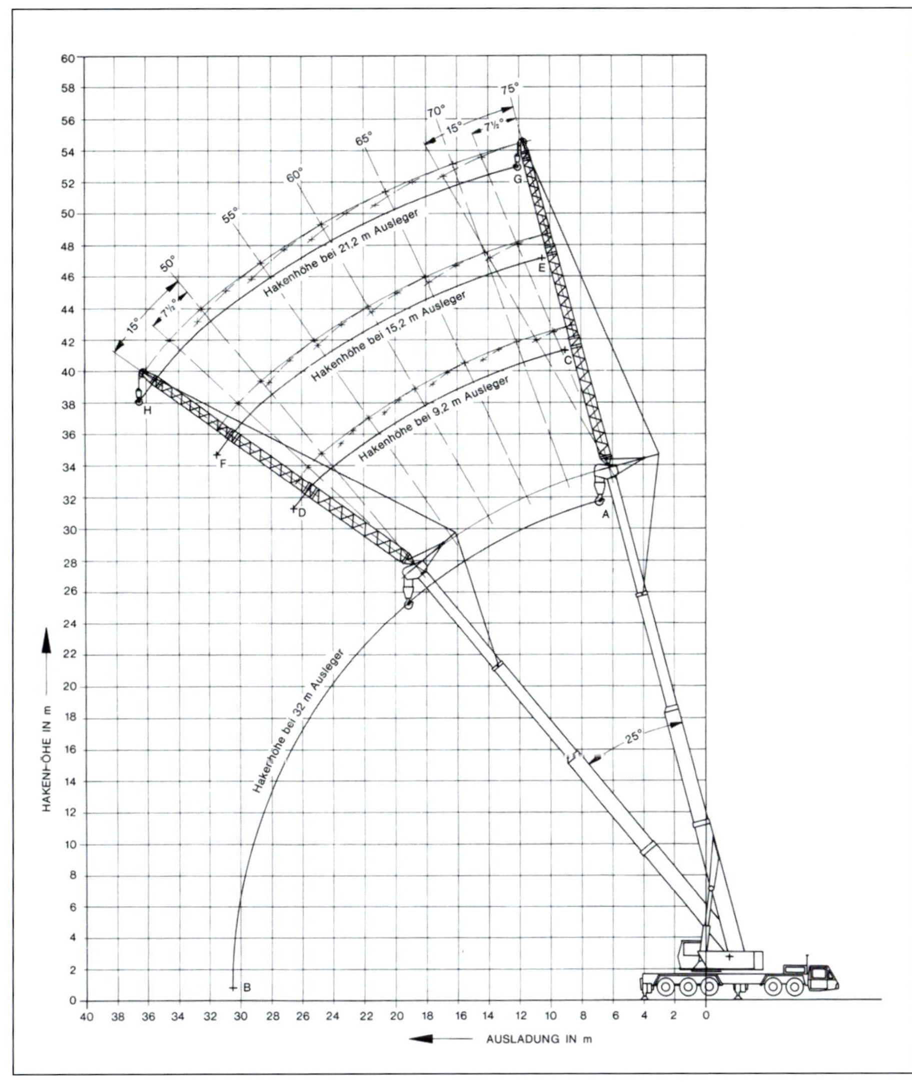

Links: Als einziger Kran aus der Reihe von O&K konnte der T 750 auch mit einer 21 m langen Gitterverlängerung ausgerüstet werden. Bei 0 Grad Winkel und 75 Grad Hauptauslegerneigung konnten dann noch beachtliche 3 t gehoben werden.

Alternativ konnte auch ein kürzerer Spitzenausleger von 13,7 m aus Kastenprofilen montiert werden. Dieser konnte auch im Zweihakenbetrieb genutzt werden. Auf der Hauptwinde waren 152 m Seil, auf der Hilfswinde 92 m Seil.

Links: Nachdem der Kran dann auch mit MOL-Fahrgestell verfügbar war, entstanden auch Werbefotos des Krans im Orenstein & Koppel-Farbkleid. Der Blick in die Kabine zeigt das damalige Komfortangebot. Verglichen mit dem europäischen Komfort in der Unterwagenkabine (links), mutete der Fahrkomfort im Oberwagen (rechts) wiederrum deutlich einfacher an. *(Fotos: Dirk Bömer)*

Nach Auslaufen der Partnerschaft mit P&H mussten eigene Krane her. Den Anfang machte der 21 t starke AH 23 als direkter Nachfolger des R 210. Der Kran war eine eigene Entwicklung von Orenstein & Koppel. Dieser AH 23 ist im Frühjahr 1975 in Hengelo unterwegs.

Die O&K-Konstrukteure übernahmen bei der Entwicklung das gleiche Konzept wie beim Vorgängerkran. So befindet sich die Kabine auf dem Unterwagen. Der Einstieg erfolgte bequem von vorne. Hauptunterschied war aber, dass die Kabine deutlich größer war.

Bei diesem Einsatz in Hengelo wurden kleinere Industriegebäude erstellt. Dabei konnte der AH 23 seine Geländegängigkeit bei hohen Traglasten unter Beweis stellen. Bei 3,2 m Ausladung konnte der Kran 10 t frei verfahren und bei 5 m noch knapp 6 t. Mehr als 5 t dürfte der Kran hier aber nicht gehoben haben, denn der einrollige Haken ist maximal für 5 t ausgelegt.

Die O&K Autokrane kommen

Mitte der 1970er-Jahre, genauer gesagt ab 1974, startete dann die Produktion der bei O&K entwickelten Krane mit dem AH 23 im Juli 1974. Da die Partnerschaft mit Harnischfeger in diesem Jahr endete, mussten eigene Maschinen her. In gewissem Sinne kann der AH 23 durchaus als der Nachfolger des R 210, der ja noch auf P&H-Basis entwickelt worden war, verstanden werden. Der Kran ist ebenfalls für raues Gelände und enge Baustellen gedacht und damit ein echter Rough-Terrain-Kran (RT-Kran). Die RT-Krane sind speziell für den harten Einsatz im Gelände konzipiert; sie starteten Mitte der 1950er-Jahre in den USA ihren Siegeszug. Allradantrieb und Allradlenkung sorgten mit einer typischen großvolumigen Bereifung für gute Beweglichkeit. Nachteilig ist nur, dass diese RT-Krane nicht auf eigner Achse den Einsatzort wechseln können.

Geländekran AH 23

Auch der AH 23 bot diese Merkmale wie Allrad-Antrieb, pendelnd aufgehängter Hinterachse sowie unabhängiger Lenkung. Im Prospekt von 1978 begegnen wir auch dem „Hundegang" und dem „Karnickelsand" wieder, dort bringt dieser Teleskopkran seine volle Leistung auf den Boden … Dennoch, auch eine Genehmigung für den öffentlichen Straßenverkehr war vorhanden, dort konnte der AH 23 mit maximal 50 km/h den Einsatzort wechseln. Wie sein Vorgänger bezog der AH 23 seine Kraft aus dem 186 PS (137 kW) starken Deutz-Motor des Typs F 6 L 413 F. Genau dieser Motorentyp war auch im R 210 verwendet worden.

Anfang des Jahres 1976 war die Zufriedenheit mit dem neuen Kran sehr hoch und O&K Contact berichtet: „Der AH 23 bietet gute Leistungen auf schwerem Gelände. Die Sicht des Fahrers nach hinten könnte noch verbessert werden. Die Standsicherheit ist gut und der Kran ist leicht zu steuern." Insbesondere das Feedback zum Fahrerhaus und der Bedienung war durchweg positiv, denn, so hieß es, das Fahrerhaus sei eigentlich für zwei Personen ausgelegt und biete eine gute Rundumsicht.

Und zur Wartung des Kranes heißt es: „Die meisten der 89 Schmierstellen sind verhältnismäßig leicht zugänglich.

Rechts: Bei diesem Einsatz in Euskirchen im November 1974 galt es, Fundamente für Industriehallen zu errichten. Mit Tragfähigkeiten von 6 t abgestützt im gesamten Schwenkbereich stand hier ausreichend Tragkraft für Schalungen etc. bereit.

Unten links: Seine Geländegängigkeit war dem wendigen Kran sehr von Vorteil. Er konnte Steigungen von bis zu 70 Prozent im ersten Gang bei maximal 4,5 km/h Geschwindigkeit bewältigen. Beide Achsen stammten aus O&K-Fertigung.

Unten rechts: Über diese Traverse waren die hier zu transportierenden Betonteile leicht zu manövrieren. Das Hydrauliksystem bestand aus zwei Kreisläufen mit 2 mal 11 l/min und 250 l Hydrauliköl.

Auf der Baustelle in Euskirchen waren die Verhältnisse der Fahrwege insbesondere bei regnerischem Wetter schwierig. Drei verschiedene Reifentypen standen als Option für die jeweiligen Kundenanforderungen zur Verfügung.

Der AH 23 verfügte über ein im Oberwagen integriertes Gegengewicht von 1,2 t. Gut zu erkennen ist hier auch der Längengeber des Auslegers. Lieferant des Drehkranzes war – wie bei den Baggern auch – Rothe Erde.

Mittlerweile waren auf der Baustelle in Euskirchen die Hallen fertiggestellt worden und es galt, die Dächer zu montieren. Am dreiteiligen Ausleger waren die beiden Teleskope unter Last ein- und ausfahrbar. 46 Sekunden benötigte der Kran, um den Ausleger auf 19,8 m zu teleskopieren.

Auf dem Bild ist gut die vierrollige Hakenflasche zu erkennen, die mit vier Strängen eingeschert ist. Dieser AH 23 verfügt zudem über den optionalen vierteiligen Ausleger. Der Rollenkopf samt Auslegerverlängerung konnte hier ein weiteres Mal mechanisch ausgeschoben werden.

Interessant ist zudem, dass auf der Baustelle das Material auch von Traktoren gebracht wurde. Der AH 23 ist hier mit dem Abladen der Bewehrungen für Hallenfundamente beschäftigt.

Bei diesem Lastfall galt es, Lasten bei nahezu maximaler Ausladung einzubringen. Dabei konnte der AH 23 bei 18 m Ausladung nach vorne noch rund 1,4 t heben. Im gesamten Schwenkradius betrug die maximale Tragkraft hier dann 1 t.

Weniger gut zugängliche Stellen befinden sich nur an den Gelenkwellen." Die damaligen Fahrer wären auf die heutige Technik in moderneren Baumaschinen mit automatischen Schmieranlagen wohl sehr neidisch gewesen.

Im Rahmen der Hannover Messe war der AH 23 sogar Teil einer Sonderausstellung, da er von der Jury für sein sauberes Design mit „Der guten Industrieform" ausgezeichnet wurde.

Die Autokrane TH 30 und TH 40

Zuwachs erhielt das Kranprogamm dann auf der Hannover Messe 1975. Auf der Industriemesse wurden damals die beiden neuen TH 30 und TH 40 Autokrane für 26 t und 35 t Tragkraft vorgestellt. Ein damaliges Vorstandmitglied bewarb die Krane auf der Messe als „ein fortschrittliches, modernes Krankonzept über den bisherigen Geländekran hinaus".

Aus der geräumigen Kabine hatte der Fahrer eine gute Rundumsicht. Der Fahrersitz sorgte hydraulisch gedämpft und gefedert für ausreichenden Fahrkomfort. In der Kabine war zudem ein zusätzlicher Sitz für einen Beifahrer vorhanden.

Oben links: Stolz präsentierte Orenstein & Koppel den AH 23 auf der Hannover Messe 1975 im Vorführgelände. Gleich drei Mal war der AH 23 auf dem Messegelände in diesem Jahr vorzufinden, hier im Vorführgelände, in der Geräteparade neben den anderen O&K-Autokranen und auf dem Gelände der Sonderausstellung „Die gute Industrieform". Die Jury hatte den AH 23 hier aufgrund seines klaren und sauberen Design ausgezeichnet.

Oben rechts: Eigentlich ist diese Aufnahme eine typische Baustelle der 1970er-Jahre und nicht wirklich spektakulär. Aber dennoch, der mittlerweile seltene Elba-Kaiser-Kran im Hintergrund ist einfach zu schön anzuschauen.

Mitte links: Auch in gelber untypischer Farbe machte der AH 23 ein gutes Bild. Diese beiden Exemplare befinden sich auf dem Werksgelände in Lübeck.

Mitte rechts: Auf dem Werksgelände hilft der AH 23 bei der Montage von Bordkranen und transportiert die Kabelrollen.

Links: Zu schön sind doch die Einsatzbilder vergangener Zeiten. Der AH 23 war ein willkommener Helfer auf dem Lübecker Werksgelände. Auch dieser Einsatz liegt schon fast 50 Jahre zurück. *(Foto: Dirk Börner)*

Auch diese Aufnahme verdeutlicht schön den Zeitgeist der 1970er-Jahre. Der AH 23 in Hengelo hilft hier beim Verladen eines alten Nadelauslegerkranes.
(Foto: Dirk Bömer)

Das Bauunternehmen Kober aus Mosbach/Neckarelz setzte den AH 23 im August 1976 bei Fassadenarbeiten ein. Für den Hallenbau stand der schöne Wolff-Obendreherkran zur Verfügung. Der AH 23 hatte hier die Elemente an der Fassade zu montieren. *(Foto: Dirk Bömer)*

Im Mai 1971 arbeitete dieser AH 23 in Hengelo beim Bau von Einfamilienhäusern mit. Hier hatte er als Geländekran deutliche Vorteile, denn er konnte im Gelände schnell den Einsatzort wechseln und so bei mehreren Häusern helfen. *(Foto: Dirk Bömer)*

Auf der Hannover Messe 1975 wurde der AH 23 auch mit der Auszeichnung „Die gute Industrieform" für sein sauberes und gutes Design ausgezeichnet. Daher war er auf der Messe auch nicht nur am Orenstein & Koppel-Stand ausgestellt. *(Foto: Dirk Bömer)*

Das Kranunternehmen Klingenberg aus Kamen setzte im März 1978 auf den wendigen Geländekran. Für kleinere Hubarbeiten beim Brückenbau war der Kran optimal in dem schlammigen Gelände geeignet. Klingenberg wurde 2017 durch Franz Bracht übernommen.

Zwar hat der AH 23 hier im April 1975 keine aktuellen Hubaufträge, aber das Spiegelbild im Wasser ist auch ein Hingucker. *(Foto: Dirk Bömer)*

Diese Aufnahme ist wahrlich besonders, zeigt sie den AH 23 doch mit Spitzenausleger. Im März 1978 wurde hier für Rheinbraun ein Schaufelradbagger gebaut. (Foto: Dirk Bömer)

Gemeinsam in Teamwork mit dem R 210 halfen die beiden Geländekrane beim Aufbau des gewaltigen Baggers. Für kleinere Hubarbeiten waren die beiden Geländekrane genau die richtigen Helfer. (Foto: Dirk Bömer)

Das Unternehmen Theisinger & Probst aus Lemberg setzte den AH 23 zum Handling von schweren Verbauelementen ein. Die Elemente stellten für den Kran im Sommer 1978 kein Problem dar. (Foto: Dirk Bömer)

Aus der Kabine hatte der Fahrer nach vorne auf jeden Fall eine sehr gute Sicht auf den Arbeitsbereich. Schwieriger wurde es dann zu den Seiten. Geländekrane nur mit Unterwagenkabine sind deswegen auch heute nicht mehr anzutreffen. (Foto: Dirk Bömer)

Mit dem TH 30 erweiterte Orenstein & Koppel 1975 das Produktprogramm. Der Kran mit 26 t Tragkraft präsentiert sich hier im Dezember 1979.

Die Krane fuhren auf einem dreiachsigen bzw. vierachsigen Fahrgestell in Kastenbauweise und waren komplette Eigenentwicklungen; O&K setzte dabei auf bewährte Komponenten. So kamen die Antriebsmotoren natürlich von Deutz.

Im TH 30 sorgte ein Deutz-Viertaktdieselmotor mit sechs Zylindern für 162 kW Motorleistung; im TH 40 war ein Deutz-8-Zylinder-Motor für 188 kW installiert. Die Motoren waren sowohl für die Straßenfahrt als auch alle Kranbewegungen zuständig. So waren Geschwindigkeiten von 85 km/h beim TH 30 und 80 km/h beim TH 40 möglich. Das Steigvermögen lag bei 60 Prozent und 66 Prozent beim TH 40.

Im März 1977 wurde der TH 30 auf dem Lübecker Werksgelände für Werbezwecke fotografiert. Typisch ist auch der Rollenkopf für den Spitzenausleger, der über rückwärtige Seile abgespannt wird.

(Foto: Dirk Bömer)

Das Kranverleihunternehmen Brandt in Berlin gehörte zu den ersten Kunden des TH 30. Angetrieben wurde der Kran von einem Deutz-141-kW-Dieselmotor.

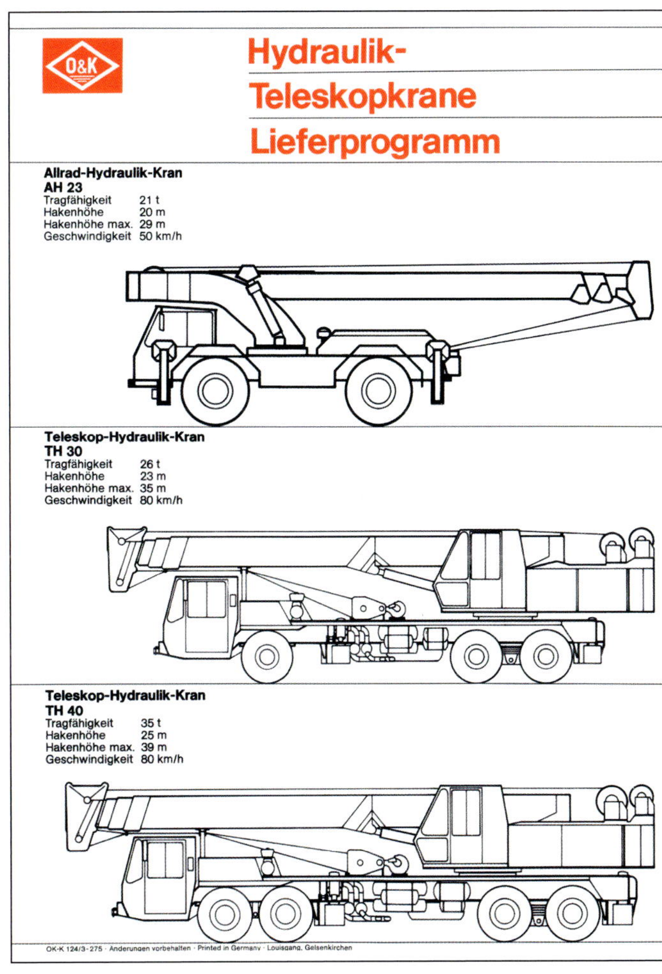

O&K

Hydraulik-Teleskopkrane Lieferprogramm

Allrad-Hydraulik-Kran
AH 23
Tragfähigkeit 21 t
Hakenhöhe 20 m
Hakenhöhe max. 29 m
Geschwindigkeit 50 km/h

Teleskop-Hydraulik-Kran
TH 30
Tragfähigkeit 26 t
Hakenhöhe 23 m
Hakenhöhe max. 35 m
Geschwindigkeit 80 km/h

Teleskop-Hydraulik-Kran
TH 40
Tragfähigkeit 35 t
Hakenhöhe 25 m
Hakenhöhe max. 39 m
Geschwindigkeit 80 km/h

OK-K 124/3-275 · Anderungen vorbehalten · Printed in Germany · Louisgang, Gelsenkirchen

Oben: Brandt setzte den Kran auf zahlreichen Baustellen ein. Hier werden in winterlicher Landschaft Rohre für eine Kanalbaustelle abgeladen. *(Foto: Dirk Bömer)*

Rechts: Mit einer kleinen Produktübersicht zu der Autokranreihe wurde 1975 geworben. Die wichtigsten technischen Daten waren hier aufgelistet.

Ebenfalls neu war ab 1975 der 35-t-Kran TH 40. Angetrieben wurde der Vierachser von einem 188-kW-Deutz-Dieselmotor.

Bei der Abstützung orientierten sich die O&K-Konstrukteure auch an den amerikanischen Vorbildern und entwickelten die Krane mit einer Scherenabstützung.

Die beiden vierteiligen Teleskopausleger besaßen eine Länge von 8,82 m eingefahren beim TH 30 und 9,81 m beim TH 40. Komplett teleskopiert betrug die Auslegerlänge 28,34 m und 31,74 m beim TH 40. Das Teleskopieren dauerte dabei 43 Sekunden bzw. 53 Sekunden beim größeren Kran.

Ein optionaler Spitzenausleger von 6 m bzw. 7,5 m erhöhte die Hubhöhe

Bei kaltem Winterwetter strecken beide Krane ihre Ausleger in die Höhe. Bei maximaler Steilstellung betrug der Winkel dann 85 Grad. (Foto: Dirk Bömer)

Auf der Hannover Messe 1975 wurde auch der TH 40 kraftvoll auf dem Stand in Szene gesetzt. Schade, dass man noch nicht in einer Zeitmaschine zurückreisen kann, um alle Krane erleben zu können. (Foto: Dirk Bömer)

dann nochmal zusätzlich. Für die 1970er-Jahre typisch, war die Auslegerverlängerung auch unterhalb des Auslegers verbolzt und im Einsatz mit einem rückwärtigen Seil an der oberen Rolle des Hauptauslegers befestigt.

Die beiden neuen Autokrane fanden schnell Einzug in die Fahrzeugflotten der Kranverleiher, z. B. Brandt in Berlin oder Kewitz aus Uelzen. Zielgerichtet auf die kleineren und mittleren Baun-

Oben links: Auf dem Werksgelände zeigen sich beide Krane bereit für die kommenden Einsätze. Die Lasthaken sind jeweils für die maximale Tragkraft eingeschert. Den Boden dürften die Haken bei 143 m Seillänge beim TH 30 bzw. 170 m Seillänge beim TH 40 nicht erreicht haben.

Oben rechts: Dieser Einsatz brachte den TH 40 an den Bodensee, es galt Trafohäuschen aufzubauen. Bei diesem Lastfall waren dann Tragfähigkeiten zwischen 15 t und 20 t möglich.

Rechts: Dieser TH 40 arbeitet im August 1977 am Bodensee. Gut zu erkennen ist das Funktionsprinzip der Abstützung; dieser Typ hat sich aber in der Praxis langfristig nicht durchgesetzt.

Am Bodensee hatte der TH 40 viel zu tun und kam auch auf diesem Schrottplatz zum Einsatz. Offensichtlich galt es, alte Flugzeugteile umzusetzen.

Der Lastfall hier schien zudem die komplette Einscherung am Haken zu erfordern. Auch war der Kran offensichtlich brandneu, denn das Nummernschild befindet sich noch in der Kabine.

Links: Ein typischer Einsatz wie er in den 1970er- und 1980er-Jahren oft vorzufinden war. Es galt, einen Baukran auf der Baustelle zu versetzen. Für den kleinen Kran hatte der TH 40 genau die richtige Größe.

Unten links: Im April 1978 arbeitet dieser TH 40 bei der Firma Theo Kewitz in Uelzen. Beim Bau eines Wohnhauses galt es, Filigrandecken einzubringen. Diese bestehen aus einer dünnen Betonschicht samt Bewehrung und erfordern weniger Aufwand beim Betonieren. Bei diesem Lastfall durften die Lasten nicht schwerer als etwa 6 t sein.

Unten rechts: Große Ausladungen am 24,6 m langen Ausleger waren hier gefordert. Der Kran war zudem mit einer Zusatzwinde ausgerüstet. So konnte mit der Spitze dann im Zweihakenbetrieb gearbeitet werden.

Theo Kewitz war ein treuer Kunde von Orenstein & Koppel und setzte zahlreiche Maschinen aus dem Hause O&K ein. Hier galt es, einen Tank in der Lebensmittelproduktion aufzurichten und einzubauen.
(Foto: Dirk Bömer)

ternehmungen, waren die Krane schnell beliebt, zumal hier natürlich auch das übrige Produktprogramm an Baggern und Radladern interessant war.

Theo Kewitz aus Uelzen war 1978 mit seinerzeit 24 Mitarbeitern eine der vielen mittelständischen Bauunternehmungen, zu denen O&K gute Beziehungen unterhielt. Begonnen hatten diese, als die Firma eine Raupe suchte und dann bei O&K fand. Auf die Raupe der Marke Bristol, die O&K seinerzeit vertrieb, folgten dann die Bagger RH 5 und RH 6. 1971 kam dann der Gelän-

Rechts: Im September 1978 hatte dieser TH 40 von Brandt einen Tank zu heben. Brandt hatte zu diesem Zeitpunkt auch den TH 30 im Einsatz. Heute müsste die Abstützung eines Autokranes mit Hölzern oder Kranmatratzen dann aufwändiger gestaltet sein.

Unten links: Diese Aufnahme zeigt gut die Perspektive des Kranfahrers. In der Kabine sorgten ein gefederter Sitz mit Nackenstütze und Zusatzheizung für bequemes Arbeiten. Dennoch, der Komfort heutiger Krankabinen war davon noch weit entfernt.

Unten rechts: Ausgerüstet war der Kran bei diesem Einsatz mit der fünfrolligen Hakenflasche für 35 t Tragkraft. Es stand noch eine dreirollige für 21 t Tragkraft sowie eine einrollige für 11,5 t Tragkraft zur Verfügung.

dekran R 210 hinzu und schließlich 1978 der TH 40. Ausschlaggebend für den TH 40 war auch die Zuverlässigkeit des R 210, denn dieser Kran von 1971 hatte 1978 9.820 Betriebsstunden bei 79.980 gefahrenen Kilometern treue Dienste geleistet. Eingesetzt wurde der Kran zumeist 30 km im Umkreis von Uelzen.

Und um den Erfolg der neuen Krane anzukurbeln, wurde der größere TH 40 auch als schönes Maßstabsmodell vom Nürnberger Unternehmen NZG-Modelle herausgebracht.

Der schnelle TH 18

Eine erneute Ausweitung des Kranprogramms erfolgte dann Ende der 1970er-Jahre. O&K präsentierte einen neuen interessanten Mobilkran erstmalig auf der Hannover Messe 1977 und drei Jahre später auf der Bauma in München.

Kompakte Autokrane waren auf kleinen Baustellen beliebt, so verfolgte das Düsseldorfer Unternehmen Leo Gottwald ein Konzept mit zwei auf dem Oberwagen hintereinander liegenden Kabinen. Aus der einen Kabine wurden die Arbeitsbewegungen gesteuert und aus der zweiten Kabine lenkte der Fahrer den Kran über die Straßen. Das Düsseldorfer Unternehmen Gottwald bot Krane mit diesem innovativen Fahrerhauskonzept vom kleinen 14-t-Kran bis zum fünfachsigen 90-t-Kran AMK 86-52 an.

Die Konstrukteure von Orenstein & Koppel versuchten eine ähnliche Idee zu realisieren, das allerdings nur eine Kabine vorsah. Der TH 18 wurde 1977 auf der Hannover Messe dem Fachpublikum präsentiert. Als schneller „Flitzer“

Ab 1977 kam der interessante TH 18 zum Kranprogramm von Orenstein & Koppel hinzu. Die Konstrukteure realisierten ein interessantes Konzept mit umklappbarer Kabine für die Fahrt bzw. den Einsatz. Gottwald verfolgte hingegen ein Konzept mit Doppelkabine.

waren auch Autobahnen kein Problem mehr, denn die maximale Fahrgeschwindigkeit betrug sogar 80 km/h. Dafür sorgte der 118 kW (160 PS) starke Deutz-Motor.

Die Idee der Konstrukteure bestand in einer schwenkbaren Kabine. Aus dieser wurden im Kraneinsatz alle Kranbewegungen gesteuert. Für die Straßenfahrt schwenkte der Kranfahrer die Kabine um 180 Grad und arretierte sie. Nun war der TH 18 bereit, um den Einsatzort zu wechseln. Mit einer Tragkraft von 16 t war der TH 18 in der gleichen Tragkraftklasse wie auch der Gottwald AMK 35-21 mit 14 t Tragkraft angesiedelt. Bei komplett ausgefahrenem Ausleger konnte der TH 18 noch 4,2 t bei 3 m Ausladung heben; ganze 6,5 t Tragkraft standen unabgestützt am maximal 16 m langen Ausleger bereit, jeweils nach vorne oder hinten, und ganze 4 t im kompletten 360-Grad-Schwenkbereich.

Der insgesamt fünfteilige Teleskopausleger war maximal 25 m lang, mit Spitzenausleger wurden sogar 31,5 m erreicht. Die ersten Teleskope waren hydraulisch unter Last auszufahren. Die oberen beiden Zusatzteleskope wurden über eine spezielle Ausschubvorrichtung ausgefahren. Hier griff ein Kastenprofil außerhalb des Auslegers auf das Teleskop drei und vier. Die Hydraulik übernahm dann das stufenweise Teleskopieren.

Beworben wurde der TH 18 als „mobil für rationales Bauen". Da die Lasten im Laufe der Jahre immer schwerer wurden, mussten die notwendigen Hebezeuge nicht immer gleichermaßen mitwachsen. Denn bei entsprechender Mobilität, Kompaktheit, Manövrierfähigkeit und Geländegängigkeit, kann ein kleinerer Kran auch näher an die Baustelle heranfahren. All diese Voraussetzungen brachte der TH 18 mit und richtete sich daher besonders an Bauunternehmen, Fertighaushersteller, Stahlbauer, Fertigteilproduzenten und natürlich Kranverleiher.

Mit Allradantrieb, Hundegang und natürlich Allradlenkung war der 18,5 t schwere Kran weitestgehend unabhängig von problematischen Baustraßen und den unbefestigten Bodenverhältnissen auf der Baustelle. Der geringe Wenderadius von 6,4 m und die kompakten Abmessungen brachten Beweglichkeit auf engstem Raum. Anders als die großen Autokrane kam der TH 18 so deutlich näher an die Einsatzstelle heran.

1979 vermarktete Orenstein & Koppel den TH 18 auch mit diesem Flyer. Darauf wurde das konstruktive Konzept näher verdeutlicht. Wichtige technische Daten waren auf der Rückseite aufgeführt.

Die Aufnahme aus Januar 1979 zeigt die Kabine, die einfach von Hand in Fahrt- oder Arbeitsrichtung geschwenkt werden konnte. Dennoch, die Idee der schwenkbaren Kabine war nicht wirklich neu …

… die hatte auch früher schon der englische Hersteller Coles. Und so verschwand der TH 18 dann Anfang der 1980er-Jahre wieder aus dem Produktprogramm. *(Foto: Richard Blokker)*

Bei diesen Standaufnahmen auf dem Gelände der ehemaligen Niederlassung von Orenstein & Koppel in Dortmund zeigt der 18,5 t schwere Kran seine Stärke. Der Ausleger bestand aus vier Teleskopen, von denen zwei hydraulisch teleskopierbar waren. Die beiden anderen waren mechanisch über die Transportvorrichtung ausschiebbar.

Für den TH 18 war auch ein Spitzenausleger erhältlich, der entweder 4,9 m lang war oder ausgeschoben dann 7,5 m. Er wurde über Nackenseile mit dem oberen Rollenkopf verbunden. Solche Auslegerverlängerungen waren in den 1970er-Jahren noch verbreitet, sind heute aber fast nicht mehr zu finden.

Der TH 18 verfügte über zwei Hubwinden, die jeweils mit einem 14-mm-Hubseil und 93 m Länge ausgerüstet waren. So konnte der Kran auch im Zweihakenbetrieb problemlos eingesetzt werden.

Komplett aufgerüstet kam der TH 18 dann auf 31 m Hakenhöhe bei 85 Grad Neigung des Hauptauslegers. Die Tragkraft lag hier bei 1 t. Die maximal mögliche Ausladung lag bei 18 m und dann noch 0,5 t Tragkraft.

Gut erkennbar ist hier die mechanisch teleskopierbare Verlängerung des Auslegers. Die beiden oberen Teleskope des Hauptauslegers waren bereits mechanisch ausgefahren, der Rest erfolgte hydraulisch. Der Kran zeigt sich auf dem Dortmunder Werksgelände.

Hier war der TH 18 im Einsatz mit Spitzenausleger. Auch wenn es so wirkt, dass der Kran keinen Gegenballast hat, im Oberwagenrahmen hinten war ein Gegengewicht von übersichtlichen 720 kg fest installiert.

Auf der Hannover Messe 1977 wurde der TH 18 als kleinster Kran im O&K-Programm präsentiert. Im Prospekt wurde er als „Rallye Kran" beworben, da er zwischen Einsatzorten mit einer Geschwindigkeit bis zu 80 km/h hin und her wechseln konnte.

Der Kran wurde damit hervorgehoben, dass er aufgrund seiner Kompaktheit nahe an den Einsatzort fahren konnte, weil er zudem sehr wendig war. Während der Fahrt half ein Drehmomentwandler mit Automatikgetriebe. Dieses hatte fünf Vorwärts- und eine Rückwärtsfahrgruppe.

Links: Wirksam in Szene gesetzt wurde der TH 18 im Juli 1979 auf dem Alten Markt in Dortmund nahe dem Werk. Zusammen mit dem Zirkus Sarasani wurde er für kunstvolle Akrobatik eingesetzt. Die Akrobatiktruppe „Lindors" präsentierte ihre Vorstellung am 24 m hohen Kran und die begeisterten Zuschauer schauten staunend zu. Rechts: Durch die Vorstellung wurde auch auf das Sicherheitskonzept des Kranes hingewiesen. Natürlich wurde vorher auf dem nahegelegenen Werksgelände kräftig geübt.

Der TH 18 der Firma Elementbau Jung aus Volkmarsen half hier beim Bau eines Hauses und platzierte die Filigrandeckenelemente auf dem Kellergeschoss. Am 20,5 m langen Ausleger waren hier Tragkräfte bis 3 t bei 10 m Ausladung möglich.

Zahlreiche Einsätze hatte der TH 18 beim Bau von Häusern zu bewältigen. Vor allem wenn kein Baukran vorhanden war, konnte der Kran seine Vorteile ausspielen. Und auch in der Blau-Roten Farbgebung sah der Kran schick aus.

Auch in Bayern bei Treffler war ein TH 18 im Einsatz. Sorgsam platziert er die Filigrandecken auf den vorbereiteten Stützen, die so deutlich geringer ausfielen. Treffler existiert heute noch und wurde 2019 von der Maxikraft Gruppe übernommen.

Mit seiner Wendigkeit und Geschwindigkeit konnte der TH 18 somit zahlreiche Einsätze bewältigen. Er konnte frei verfahren und benötigte keine Begleitfahrzeuge. Heute ist dieses Konzept selbst bei AT-Kranen bis 100 t Tragkraft durchaus verbreitet und auch unter dem Schlagwort Taxikran bekannt.

Treffler setzte den Kran im September 1979 in München beim Bau einer Halle mit Bürotrakt ein. Die Filigrandeckenelemente hatte er bereits platziert und nun galt es, bei der Betonierung für ausreichend schnellen Betonnachschub zu sorgen.

Gerade bei solchen kleineren Einsätzen war der TH 18 als Alternative zu größeren und somit teureren Kranen geradezu ideal. Ein größerer Autokran oder Baukran wäre nicht ausgelastet gewesen und der TH 18 fährt nach erledigter Arbeit zum nächsten Einsatz.

Andere typische Einsätze fanden sich auch bei der Baukranmontage. Hier hilft der TH 18 beim Aufbau eines Potain-Baukranes und platziert den Betonballast.

Bei diesem Einsatz half der TH 18 bei der Dachstuhlmontage. In dem schönen Neubaugebiet entlädt er die Holzsparren und montierte diese im Anschluss. (Foto: Dirk Bömer)

Für den Exportmarkt: Geländekran AH 270

Die letzte Neuentwicklung der Teleskopkrane im Hause Orenstein & Koppel wurde 1979 ebenfalls auf der Hannover Messe präsentiert. Damals war die Hannover Messe für die Baumaschinenhersteller noch weitaus bedeutender als heute. Der Allrad-Hydraulikkran AH 270 war insbesondere für die Auslandsmärkte bestimmt. Seine maximale Tragkraft betrug 27 short tons oder 24 metrische Tonnen bei einem maximalen Lastmoment von 88 Tonnenmeter.

Das Fahrgestell war ebenfalls eine O&K-eigene Konstruktion mit O&K-Achsen. Für den Antrieb des 23 t schweren Kranes sorgte ein luftgekühlter 6-Zylinder-Deutz-Motor mit 118 kW. Auf offener Straße konnte der Kran mit bis zu 44 km/h verfahren.

Die letzte Neuentwicklung bei den Kranen von Orenstein & Koppel war 1979 der AH 270. Er wurde auf der Hannover Messe im selben Jahr präsentiert und wartet hier in glänzendem Lack auf seinen Messeeinsatz. Mit seinen 24 t Tragkraft zielte er auf die ausländischen Märkte.

Im November 1979 zeigte sich der Kran auf dem Dortmunder Werksgelände. Vom Konzept her hatte der Kran große Ähnlichkeit mit dem AH 23. Gut zu erkennen ist die geänderte Anlenkung der Auslegerzylinder.

Angetrieben wurde der Kran von einem luftgekühlten Deutz-Dieselmotor mit 118 kW Leistung. Im dritten Gang konnte der Kran bis zu 44 km/h schnell fahren; seine Steigfähigkeit lag bei 50 Prozent.

Am 13,65 m langen Ausleger konnte der Kran Lasten frei verfahren, diese betrugen dann maximal 4 t bei 6 m Ausladung im gesamten Schwenkbereich. Über die Vorderachse konnten dann sogar 6,9 t verfahren werden.

Für die gute Geländegängigkeit sorgten auch die beiden Achsen. Beide kamen selber von Orenstein & Koppel und waren für 35 t Tragfähigkeit ausgelegt. Die Hinterachse war natürlich pendelnd aufgehängt und konnte im Transporteinsatz mechanisch blockiert werden.

Der AH 270 sah dem AH 23 sehr ähnlich, aber dennoch, er war im Grunde ein völlig neuer Kran. Die Maße des Fahrgestells waren um einige Millimeter vergrößert worden, so dass der AH 270 auch insgesamt fast 500 kg schwerer als der AH 23 war. Fielen diese Änderungen kaum ins Auge, so war doch die veränderte Kinematik des Auslegers leichter zu bemerken. Beim AH 23 waren die Wippzylinder noch in kurzer Entfernung zum Auslegerfuß verbolzt. Die Zylinder des AH 270 waren hingegen wesentlich weiter vom Auslegerfuß entfernt.

Auf der Hannover Messe 1979 präsentierte O&K auch noch alle Autokrane auf der Messe einheitlich mit den Baggern, Radladern und Staplern.

Die roten Autokrane aus Lübeck waren bei vielen Kranverleihern im Fuhrpark vorhanden und bewegten zahllose Lasten. Dennoch, der Wettbewerb gegen die etablierten Kranhersteller war hoch und bei O&K standen ja immer Erdbewegungsgeräte im Vorder-

Der vierrollige Lasthaken war für die maximale Tragfähigkeit vorgesehen und war dann mit acht Strängen einzuscheren. Der Lasthaken hatte ein Gewicht von 290 kg; dieses war von den Tragfähigkeiten dann natürlich abzuziehen.

Links: Auf dem schlammigen Werksgelände wurde der Kran ausgiebigen Fahrtests unterzogen; hier allerdings in Dortmund. Bis ungefähr 2019 war ein AH 270 sogar auf dem Werksgelände in Dortmund als Hofkran im Einsatz. Rechts: Anfang 1980 wurden in Lübeck einige Geräte der Typen TH 18 und AH 270 an den Kunden übergeben. Auch in der orangenen Hausfarbe des Kunden Neuero sahen die Krane schick aus. Die neuen Besitzer samt Team von Orenstein & Koppel waren bei der Übergabe anwesend. *(Foto rechts: Dirk Bömer)*

Noch wurden die Krane Ende der 1970er-Jahre auf Messen präsentiert. Aber die Zeit der Autokrane bei Orenstein & Koppel neigte sich dennoch dem Ende zu. Bereits 1983 war das Angebot drastisch reduziert und es fanden sich nur noch zwei Krane im Produktprogramm. Der Wettbewerb dürfte mittlerweile wohl einfach zu groß gewesen sein und Orenstein & Koppel hatte den Schwerpunkt zudem auch immer in der Erdbewegung. *(Foto: Dirk Bömer)*

grund. In den frühen 1980er-Jahren fanden sich alle fünf Krane TH 30, TH 40, TH 18, AH 23 und AH 270 auch noch in den Produktübersichten, um dann aber reduziert zu werden.

1982 war das Angebot an Kranen bei Orenstein & Koppel dann deutlich reduziert. Aufgeführt wurden in einer Produktübersicht im gleichen Jahr dann nur noch der AH 300 als Nachfolger des AH 270 sowie der bewährte TH 18. Die beiden TH 30 und TH 40 tauchten bereits nicht mehr auf.

Der AH 300 war als echter RT-Kran konzipiert und hatte eine Kabine am Oberwagen. Somit entsprach er vom Konzept her den Wettbewerbern von Grove oder Link-Belt. Die maximale Tragkraft war mit 31 t geplant bei maximal 33,6 m Hakenhöhe. Gebaut worden dürfte der AH 300 aber nicht mehr sein. Denn in den frühen 1980er-Jahren endete der Kranbau bei Orenstein & Koppel dann endgültig, nachdem der letzte mobile Seilkran schon Ende der 1970er-Jahre nicht mehr Bestandteil des Produktprogramms war.

Weitere Krane bei O&K

Kapitel 6

Auch wenn die folgenden O&K-Krane eigentlich nicht mit dem Werk Lübeck zusammenhängen und in anderen Werken gebaut wurden, so passen sie doch thematisch zu dem Kapitel über Krane sehr gut dazu und sollen ebenfalls kurz betrachtet werden.

Denn bereits in den 1950er- und 1960er-Jahren beschäftigte man sich bei O&K mit Kranen und produzierte Autobagger und Krane für die Bundeswehr. Diese kamen allerdings aus dem Dortmunder Werk und basierten zunächst noch auf den Seilbaggern.

Die Bundeswehrautokrane

In den 1960er-Jahren entstanden bei Orenstein & Koppel auch Autokrane für die Bundeswehr, die im Dortmunder Werk gebaut und auch gewartet wurden. Der ALF 2/13 von 1964 war für eine Tragfähigkeit von 13 t ausgelegt und der größere ALF 33/20 konnte 20 t heben.

Der ALF 2/13 war noch als universales Gerät als Kran oder Bagger ausgelegt. Das schwere dreiachsige Fahrgestell kam von Faun und wurde von einem 12-Zylinder-Deutz-Dieselmotor mit 265 PS angetrieben. Die Baumaße waren zudem so gewählt, dass ein Schienentransport bei abgelegtem Stützbock problemlos möglich war, da dies so den deutschen und internationalen Durchfahrtsprofilen entsprach.

Der Kranoberwagen wurde von einem Deutz-4-Zylinder-Dieselmotor mit 50 PS angetrieben. Der Grundausleger hatte eine Länge von 11 m und konnte um 2,5 m auf maximal 13,5 m teleskopiert werden.

Ganz anders ausgelegt war dagegen der ALF 33/20; hier war lediglich ein Kranbetrieb vorgesehen. Durch die einfache und betriebssichere Bedienungsweise in Verbindung mit besonders langsamen Geschwindigkeiten für Drehen, Heben und Senken von Lasten war der Kran vorzugsweise zum Heben von empfindlichen Lasten bis zu 20 t vorgesehen.

Aufgrund eben dieser Geschwindigkeiten war ein Greiferbetrieb nicht wirtschaftlich, da es hier darauf ankam, möglichst viel Material bei gegebener Zeit zu bewegen. Die im ALF 33/20 eingebauten Spezial-Krangetriebe waren eben auf diese im Kranbetrieb erforderlichen langsamen Geschwindigkeiten ausgelegt.

Die Hubtrommeln des Kranes verfügten über Stirnradwendegetriebe und selbstsperrende Schneckengetriebe, so dass ein kraftschlüssiges Heben und Senken von Lasten erzielt wurde, ohne dass ein freier Fall eintreten konnte. Schon alleine diese Konstruktion zeigte den reinen Kranbetrieb, da ein freier Fall bei Baggern seinerzeit zwingend notwendig war.

Der ALF 33/20 verfügte auch über einen geknickten Gittermastausleger mit einer Grundlänge von 8,5 m und war durch eine Verlängerung auf 10 m Gesamtlänge aufzurüsten.

Das dreiachsige Fahrgestell kam ebenfalls von Faun und wurde von einem 8-Zylinder-Deutz-Dieselmotor mit 175 PS angetrieben. Im Oberwagen sorgte ebenfalls ein 50 PS starker Deutz Dieselmotor mit vier Zylindern für den Antrieb.

Die Bundeswehrautokrane wurden im Dortmunder Werk von Orenstein & Koppel gebaut. Gut zu erkennen ist der komplett mechanische Antrieb der Winden über Getriebe und Ketten.

Nach erfolgter Vormontage der Oberwagen kam im anschließenden Schritt die Hochzeit. Dieser Begriff findet sich auch heute noch, wenn Ober- und Unterwagen von Baumaschinen verbunden werden.

In den Hallen der Montage der Bundeswehrkrane in Dortmund werden später Komponenten für die großen Hydraulikbagger montiert. Dazu gehörten unter anderem leichtere Stahlbauteile. Auch die Hydraulikschlauchfertigung war dort beheimatet.

Der ALF 33/20 war ein reiner Kran für 20 t Tragkraft. Im Prospekt wurde besonders hervorgehoben, dass durch das eingebaute Spezial-Krangetriebe besonderer Wert auf langsame Arbeitsgeschwindigkeiten gelegt wurde. Er wurde auf einem dreiachsigen Faun-Fahrgestell ausgeliefert.

Bereit für den Einsatz wartete der Kran auf dem Parkplatz. Das Faun-Logo auf dem Fahrgestell ist gut zu erkennen. Als Bundeswehrkran trug er die Bezeichnung BW 296/BW390.

Für die Fotoaufnahmen war der Kran dann unabgestützt aufgerüstet.

Gleich fünf montierte ALF 33/20 haben das Dortmunder Werk verlassen und sind auf dem Werk zum Kunden. Leider war nicht herauszufinden, wo diese Aufnahme entstand.

Dieser ALF 33/20 wartet auf dem Dortmunder Werksgelände auf seine Auslieferung. Ein Seilbagger L 951 ist ebenfalls fertig montiert. In dem Gebäude rechts befindet sich später die Werkskantine und Teile der Verwaltung.

Oben: Abtesten von Kranen, zum Teil auch mit Überlast, gehört zum Inbetriebnehmen dazu. Dabei müssen dann bestimmte Prüflasten gehoben werden. *(Foto: Dirk Bömer)*

Rechts: Bei diesem Abtesten galt es, 13 t Prüflast abgestützt zu heben. Die Aufnahme entstand in Dortmund, an Stelle der Baracken steht heute das Verwaltungsgebäude. Der ALF 33/12,5 verfügte über einen O&K-116 V 4-Motor. Im Faun-Fahrgestell sorgte ein 8-Zylinder-Deutz-Motor für Kraft.

Der AL F33/20 war in seinem Element. Das Heben und Verfahren von kleineren Flugzeugen gehörte zu seinem Tagesgeschäft. Sicher angeschlagen mit Hubtraverse bewegt er das kleine Flugzeug aus dem Hangar.

Oben: Auch auf dem Dortmunder Werksgelände wurde dieser Bundeswehrkran beim Handling der Teile des Bandwagens eingesetzt. Später ist in der Halle links der Stahlbau für Oberwagen- und Unterwagenrahmen untergebracht.

Rechts: Auch beim ALF 2/13 dominierte natürlich noch die rein mechanische Steuerung. Mehrere Getriebe wurden über eine Einscheibenkupplung sowie Schalt- und Verteilgetriebe angetrieben.

Als Bundeswehrkran trug der ALF 2/13 die Bezeichnung BW300. Im Fahrgestell unterhalb der Kabine war zudem eine Seilwinde vorhanden. Auch der kleine Winkelgeber am Ausleger basierte rein auf Schwerkraft und zeigte dem Fahrer so den Winkel des Auslegers.

Die Auslegerwinde saß hinten im Oberwagen nahe dem Gegengewicht und wurde über zwei Rollen dann zur oberen Seilrolle am A-Bock geführt. Der Fachwerkausleger hatte eine Länge von 8,5 m und konnte durch eine Verlängerung auf 10 m Auslegerlänge ergänzt werden. Die 20 t konnten bei 3,8 m Ausladung gehoben werden; bei 5,5 m Ausladung betrug die Tragkraft bereits 10 t.

In der Draufsicht ist gut der Grundausleger mit seitlichem Spitzenausleger zu erkennen. Der Kran kam auf eine gesamte Auslegerlänge von 13,5 m.

Beide ALF 2/13 halfen auf dem Dortmunder Werksgelände als Montagekrane diverser Komponenten.

Gut erkennbar ist auf dem Oberwagenheck das schöne O&K-Logo sowie die Typenbezeichnung.

Hier transportieren die Krane ein Auslegerteil über das Werksgelände. Das Gebäude im Hintergrund wurde später abgerissen und ein Verwaltungsgebäude errichtet. Der Zeitgeist der Aufnahme ist auch gut am Liebherr A-Kran im Hintergrund zu erkennen.

Die Krane haben das Bauteil vorsichtig transportiert. An der Stelle befindet sich 2020 noch der Stahlblechzuschnitt und der kleine Anbau rechts wurde abgerissen. Ein Portalkran vor der Halle sorgt für die Verladung der Komponenten im Werk.

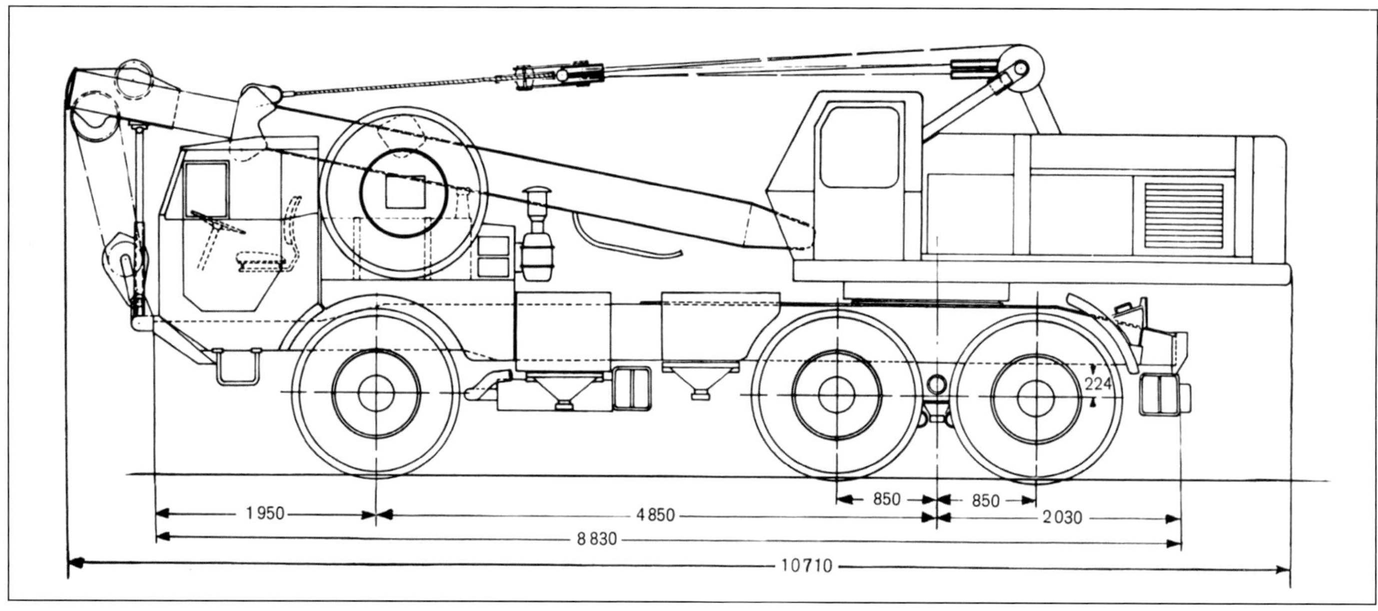

Aus der Zeichnung sind die wichtigsten Maße erkennbar. Der Kran hatte eine Breite von 2500 mm und eine Transporthöhe von 3750 mm.

Oben links: Der Bundeswehrkran ALF 33/20 wurde hier mit 20-m-Ausleger aufgebaut. Im Hintergrund an der Hallenwand ist ein weiteres Kranfahrgestell zu erkennen sowie einige Erdhobel – wie die Grader bei Orenstein & Koppel anfangs noch hießen.

Oben rechts: Mit eingeklapptem Ausleger konnte der Kran dann auf den Straßen fahren. Die einzelnen Segmente waren zum Teil noch genietet.

Links: Am Auslegerfuß ist gut die Winkelskala zu sehen. Über diese rein mechanische Skala mit Zeiger erhielt der Fahrer Informationen zur Auslegerstellung. Moderne Kransteuerungen waren natürlich noch nicht vorhanden.

Die Autobagger

In den frühen 1950er-Jahren kam die Baumaschinenproduktion langsam wieder in Gang und O&K begann zunächst mit den Typen L 101, L 201 und L 301 als Seilbagger. Ab 1951 kamen dann die Typen L 051, L 151, L 251 und L 351 neben den größeren L 651 und L 951 hinzu.

Die Geräte entwickelten sich schnell zu fleißigen Helfern im Nachkriegsdeutschland und so entstand dann eine bis dato einmalige Idee, der Universal-Autobagger. Man nahm also einfach den Oberwagen der Seilbagger und montierte diesen auf zweiachsige und dreiachsige Fahrgestelle mit rund 150 PS Motorleistung. Dabei kamen dann Fahrgestelle von Kaelble und Faun zum Einsatz. Als Ergänzung zu den Raupenbaggern zielten diese Autobagger auf hohe Mobilität, da der Transport mit dem Tieflader entfiel. Je nachdem, welches Fahrgestell verwendet wurde, hießen die Autobagger dann ALK mit Fahrgestell von Kaelble oder ALF mit Faun-Fahrgestell.

Um 1952 waren dann die beiden Typen L 101 und L 201 als Autobagger lieferbar. Der L 101 kam auf einem zweiachsigen Fahrgestell und der größere L 201 auf einem dreiachsigen Fahrgestell. So konnten unterschiedliche Baustellen schnell mit bis zu 45 km/h Fahrgeschwindigkeit erreicht werden. Der ALK 2/8 war somit ein Autobagger auf Kaelble-Fahrgestell und L 201-Oberwagen. Die maximale Tragkraft von 8 t bei einem Eigengewicht von 22 t war zudem recht beschaulich.

Wie bei den Raupenbaggern standen alle Ausrüstungsvarianten auch für die Autobagger zur Verfügung. Und so sah man dann auf Straßen wie auch Baustellen Autobagger mit Hoch- und Tieflöffel, Greifer oder Schleppschaufel, natürlich auch als Kran und sogar Rammen tauchten hin und wieder auf.

Der ALK 2/8 war Mitte der 1950er-Jahre lieferbar. Der Oberwagen war ebenfalls ein L 201 Bagger auf einem Kaelble-Fahrgestell. Er konnte als Kran, Ramme oder Bagger mit Hochlöffel, Tieflöffel oder Schleppschaufel und Greifer eingesetzt werden.

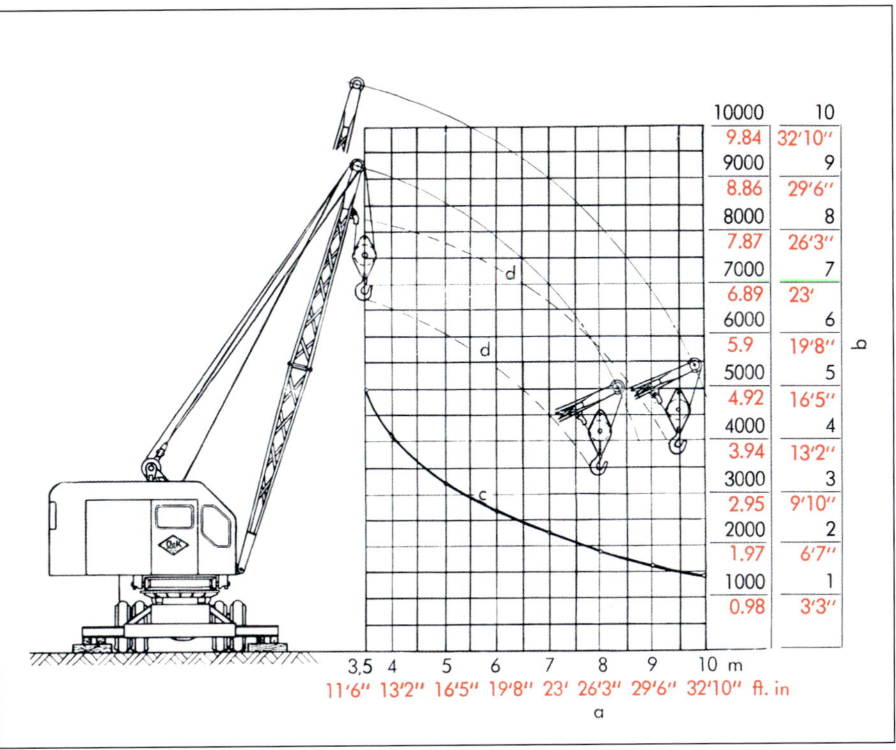

Die Anfänge der Autobagger um 1952 begann zunächst mit dem L 201. Der Oberwagen wurde auf ein dreiachsiges Fahrgestell gesetzt. Der Kran hatte ein Gesamtgewicht von 19,6 t. Die Skizze zeigt die Lastkurve.

Zu den Aufgaben der Autobagger gehörten in den 1950er-Jahren auch immer wieder noch Trümmerbeseitigungen. Vorteil der Autobagger war einfach der schnelle Wechsel von Einsatzorten, um so viele Einsätze zeitnah zu absolvieren.

Nächst größerer Autobagger war der ALK 2/16 oder ALF 3, je nachdem welches Fahrgestell verwendet wurde. Die Traglast als Kran betrug 16 t; installiert war ein L 301-Oberwagen.

Der kleine ALF 1/6 basierte auf einem L 101-Oberwagen und war im Greiferbetrieb für 0,3-m³-Greifer ausgelegt. Kleine handbetriebene Spindelabstützungen konnten zudem für sicheren Stand verwendet werden.

Seltener dürften wohl Einsätze mit Ramme gewesen sein. Speziell konstruierte Drehbohrgeräte wie heute gab es noch nicht und so mussten solche Arbeiten ebenfalls von den Universalbaggern übernommen werden. Hier dürfte es sich um einen L 301-Oberwagen handeln.

Hier wird gerade ein Autobagger in Dortmund mit L 201-Oberwagen abgetestet. Dieser Autobagger war wohl für reinen Kranbetrieb vorgesehen, worauf die Rückfallsicherung schließen lässt.

Dieser L 201 als ALK 2/8 oder ALF 2/8 wurde hier offensichtlich abgetestet. Der Bagger scheint, noch unlackiert, erst einmal Probe zu baggern.

Ebenfalls zum ersten Probebaggern wurde dieser ALK 2/8 noch unlackiert eingesetzt. Auffällig ist auch, dass die Auslegerverstellung schon über die modernere fliegende Flasche verfügte und das Seil nicht mehr bis zum Rollenkopf geführt wurde.

Dieser ALK 2/8 wurde im Prospekt von 1952 im Transportzustand gezeigt. Mit hängendem Greifer wurden die Fahrzeuge von einem zum nächsten Einsatz verfahren. Heute sind Transporte von großen Baufahrzeugen wie Kranen deutlich aufwändiger.

Die Mehrzahl der Geräte dürfte aber im Kraneinsatz zu finden gewesen sein, da der hohe Bodendruck des bereiften Fahrgestells einen Einsatz im Gelände erschwert hatte.

Angetrieben wurden die Bagger von 42 PS bzw. 55 PS starken Dieselmotoren, die zu diesem Zeitpunkt noch von O&K kamen. Die Greiferinhalte variierten von 0,3 m³ und 0,2 m³ beim L 101 am 8 m oder 10 m langen Ausleger. Beim größeren L 201 konnte ein 0,4-m³-Greifer am 9 m langen Ausleger zum Einsatz kommen oder ein 0,3-m³-Greifer am 12-m-Ausleger.

Hochlöffelinhalte lagen bei 0,38 oder 0,5 m³ und im Tieflöffeleinsatz

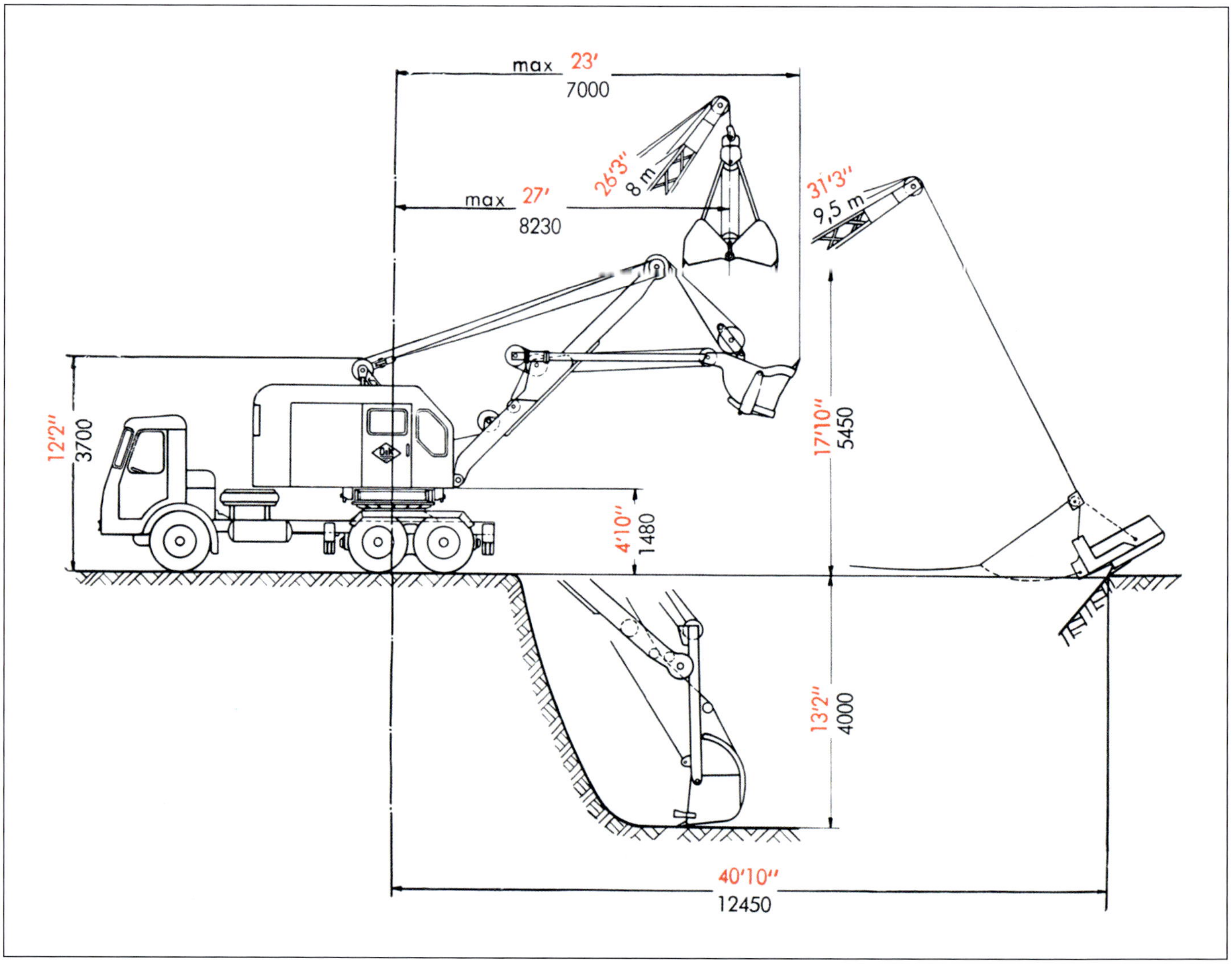

Aus der Maßskizze gehen die Grabkurven des ALK 2/8 mit L 201-Oberwagen hervor. Mit Tieflöffel konnte bis 4 m gearbeitet werden. Das Dienstgewicht des Fahrzeugs variierte je nach Ausrüstung von 20,4 t bis 21, 4 t.

Orenstein & Koppel Italien bot in den 1960er-Jahren den kleinen Mobil-Straßenkran 60 R an. Der kleine Kran war für 6 t Tragkraft ausgelegt und wurde von Orenstein & Koppel in Mailand mit einem dreisprachigen Prospekt (italienisch, französisch und deutsch) beworben.

Der Ausleger des 13,5 t schweren Kranes war ausziehbar; angetrieben wurde er von einem 50 PS starken Motor aus O&K-Fertigung. „Formschönes Aussehen verbunden mit hoher Leistung sind wesentliche Merkmale des O&K-Mobil-Straßenkranes 60R." – So wird im Prospekt für den Kran geworben.

Der kleine Kran war auf einen schnellen Umschlag und Transport von Material in Werkshallen konzipiert und besaß bereits eine hydraulische Hubwinde. Er war für den Straßenverkehr zugelassen und konnte mit 18 km/h fahren.

Der 60 R konnte durchaus als früher Industrie- oder Hofkran bezeichnet werden, wie ihn Demag, Krupp oder später Liebherr auch anboten. Dennoch, der Fahrkomfort des offenen Fahrerstandes dürfte als recht spartanisch gelten; ein Fahrerhaus war nur auf Wunsch erhältlich.

Die Kranfahrgestelle der Schienenkrane wurden auch in Dortmund produziert. Das Foto zeigt den Unterwagen im abgestützten Zustand.

1955 entstand auch ein Schienenkran für die Staatsbahn in Burma. Der Kran basierte noch auf dem Oberwagen des L 201 Seilbagger. Der Kran konnte abgestützt bei 3,9 m Ausladung noch 6,4 t heben.

Der SK 201 steht fertig montiert auf dem Dortmunder Werksgelände. Ausleger und Zubehörteile werden auf dem separaten Waggon transportiert.

wurde der L 101 eingesetzt mit 0,35-m^3-Löffel und der L 201 mit 0,4-m^3-Löffel.

Als Autobagger trug der L 101 dann die Typenbezeichnung ALF 1 und der L 201 hatte die Bezeichnung ALK 2/8 oder ALF 2/8. Später kamen dann noch die beiden Typen ALF 3 und ALK 3/16 hinzu. Diese beiden Typen basierten auf den Seilbaggern L 301 und L 351 und besaßen Tragkräfte von 12 t und 16 t. Wie viele Geräte hier gebaut wurden, ließ sich nicht mehr nachvollziehen, dennoch wurden in zeitgenössischen Prospekten aus den 1950er-Jahren teilweise dieselben Fotos verwendet.

Die Autobagger erwiesen sich als sehr zuverlässig, so dass die in Deutschland stationierten britischen und französischen Streitkräfte diese Autobagger in großer Zahl bestellten.

Langfristig durchgesetzt hat sich dieses Konzept allerdings nicht und die langsam aufkommenden mobilen Seilbagger begannen ebenfalls ihren Siegeszug auf Baustellen.

Ab 1958 wandelte sich der Oberwagen des SK 201 und wies deutlich mehr Ähnlichkeit zu den Bundeswehrkranen auf. Hier befindet sich der Kran beim Abtesten mit 3 t Prüflast. Der Antrieb erfolgte durch einen 55-PS-O&K-Viertakt-Dieselmotor.

Ein typischer Einsatz für den SK 201 in den späten 1950er-Jahren: Es galt, in einem Stahlbetrieb von den Waggons Stahlbauteile umzuladen. Die maximale Tragkraft des Kranes betrug 6,5 t bei 4 m Ausladung. Dann durfte der Ausleger nur eine Länge von 9 m haben; am 12-m-Ausleger betrug die maximale Tragkraft 4,9 t.

Zudem führte die weitere Entwicklung dieser Geräte dann zu reinen Autokranen mit speziell dafür entwickeltem Ausleger bzw. Oberwagen.

Hydraulikbagger mit Kranausrüstung

Hydraulikbagger hatten Ende der 1960er-Jahre ihren Siegeszug unaufhaltsam angetreten und die Seilbagger verschwanden zunehmend von der Bildfläche. O&K hatte in diesem Bereich mit den Modellen RH 5 und MH 5 sicher den Markt bereitet und die Produktpalette konsequent ausgebaut.

Dabei entstanden in den späten 1960er- und 1970er-Jahren auch Krankonzepte auf eben der Basis dieser Hydraulikbagger. Nicht nur bei O&K entstanden so flexible Geräte für leichte Hubarbeiten. Auch Wettbewerber wie Eder aus Mainburg, Fuchs aus Bad Schönborn oder Poclain aus Frankreich brachten daher Mobilbagger mit Gittermastausleger heraus.

Bei O&K waren um 1970 die Bagger RH/MH 4 und RH/MH 6 mit einer Kranausrüstung verfügbar. Diese bestand aus einem Gittermastausleger, der über eine Seilabspannung mit dem Auslegerunterteil verspannt war. Bei O&K hieß der Grundausleger immer Auslegerunterteil oder kurz „AUT“. Durch dieses erfolgte dann auch die Verstellung des Auslegers.

In einer zeitgenössischen Veröffentlichung heißt es hierzu: „Eine wichtige Ergänzung des umfangreichen Angebotes an Arbeitsausrüstungen für O&K-Hydro-Bagger und -Lader ist ein Nadelausleger in Fachwerkkonstruktion mit einer hydraulisch angetriebenen Seilwinde.“

So waren die Geräte als vollwertige Krane konzipiert und bevorzugt für leichte Montagezwecke und leichte Betonierarbeiten einzusetzen.

Das Grundgerät des Baggers blieb dabei unverändert und konnte daher auch wieder in einen Bagger umgebaut werden, indem die Kranausrüstung einfach demontiert wurde.

Natürlich entsprach der Kran auch den Vorschriften der UVV für Kranbetrieb und war mit den notwendigen Sicherheitsausrüstungen ausgestattet. Dazu gehörten die Überlastsicherung mit automatischer Abschaltung und auch der Endschalter für die höchste Hakenstellung. Am Auslegerzylinder war zudem eine Rohrbruchsicherung vorhanden.

Interessant war allerdings die Tatsache, dass sowohl der MH 4 als auch der MH 6 als Kran ohne Abstützung konzipiert waren. Die frühen Basisgeräte besaßen noch keine Unterwagenvarianten und so hatten die Krane ebenfalls keine Abstützung. Hubarbeiten bei maximaler Last dürften also durchaus etwas wackelig gewesen sein.

Beim MH 4 lagen die maximalen Tragkräfte bei 2,4 t bei 4,7 m Ausladung und bei maximaler Ausladung von 11,5 m immerhin noch bei 320 kg. Aufgrund des Raupenfahrwerkes waren die Tragkräfte beim RH 4 natürlich höher und betrugen 2,7 t mit normalem Unterwagen und sogar 3 t mit LC-Unterwagen.

Der größere MH 6 hatte eine maximale Tragkraft von 4,4 t bei 3,7 m Ausladung und bei maximaler Ausladung von 11,7 m konnten noch 0,6 t gehoben werden. Für die maximalen Tragkräfte war zudem eine dreisträngige Scherung notwendig.

Interessanterweise zeigt der Prospekt auch nur Einsätze des MH 6 und keine anderen Maschinen. Lediglich ein MH 4 mit Kranausrüstung wurde auf einer Messe gezeigt. Durchgesetzt hatte sich dieses Krankonzept langfristig nicht.

Mit dem kleinen, knapp 10 t schweren MH 4 hatte Orenstein & Koppel bereits sehr erfolgreich Hydraulikbagger angeboten. Angetrieben wurde der Bagger von einem 50-PS-Deutz-Dieselmotor.

Der größere MH 6 war ebenfalls sehr beliebt bei den Kunden und wog rund 14 t. Dieser arbeitet für das Dortmunder Straßen- und Tiefbauunternehmen Höhler, das lange ein treuer O&K-Kunde war.

Links oben: Was lag also näher, als die Mobilbagger auch universell als Krane einzusetzen. Dieser MH 4 mit Kranausrüstung präsentiert sich neben seinem Seilbaggerbruder M 4 auf einer Messe. Die maximale Tragkraft lag bei 2,4 t und 4,7 m Ausladung.

Links unten: Stolz präsentiert sich der Kran neben seinen Kollegen, den Seilbaggern. Deren Zeit begann in den späten 1960er-Jahren auszulaufen.

Rechts unten: Auch Liebherr oder Fuchs begannen Hydraulikbagger mit Kranausrüstungen anzubieten. Das Bild zeigt einen Fuchs-Bagger beim Betonbau, der schon über Abstützungen verfügt. *(Foto: IGHB)*

Mobilbagger mit Kranausrüstung waren in den 1970er- und 1980er-Jahren sehr populär und nahezu jeder Hersteller bot diese Maschinen an. Eder verfolgte später ein Konzept mit Teleskopausleger.

Auch der MH 6 war mit Kranausrüstung lieferbar. Die maximale Tragkraft lag bei 4,4 t und 3,7 m Ausladung. Bei diesem Einsatz galt es, Filigrandecken zu transportieren.

Auf dem Foto ist gut der Auslegerfuß der Kranausrüstung zu erkennen. Der Hubmotor für die Hubwinde wurde direkt über Hydraulikleitungen versorgt. Zahlreiche Sicherheitseinrichtungen sorgten für einen sicheren Betrieb.

Rechts: Dieser modernere MH 6 mit bereits zwei Hubzylindern war im Einsatz in Marokko bei einem Bewässerungsprojekt. Das Projekt war von der UN mitfinanziert und es galt, einen 400 km langen Bewässerungskanal im Umkreis von 100 km von Marrakesch zu bauen.

Unten: Dabei galt es, die maximal 5 t schweren Teile mit dem MH 6 zu handeln. Im Bild werden gerade vorgefertigte Betonstützen gehoben.

So ganz ohne Abstützung dürfte der Einsatz wohl eine ziemlich wackelige Angelegenheit gewesen sein. Bei rund 10 m Ausladung lag die Tragkraft noch bei 480 kg.

Auf einer typischen Baustelle in den späten 1960er-Jahren mit Liebherr Nadelausleger Kran war dieser MH6 im Einsatz. Auf der Baustelle von Ludwig Freytag aus Oldenburg – ein Unternehmen, das heute noch existiert – war dieser MH 6 mit dem Handling von Filigrandecken beschäftigt.

Oben: Ein typisches Einsatzgebiet für Mobilbagger mit Kranausrüstung war auch der Bau von Stützmauern bei Straßen. Hier galt es, Steine oder Beton mittels Betonkübel einzubringen. Diese Tätigkeiten werden heute eher von Teleskopladern übernommen.

Rechts: Der Vorteil des MH 6 lag darin, dass er das Material vom nahegelegenen Betonmischer aufnehmen und dann zur Stützmauer bringen konnte. Sicher war das auch bei blockierter Pendelachse ebenfalls eine wackelige Fahrt.

In den 1980er-Jahren wurde das Krankonzept weiterentwickelt und es stand ein Teleskopausleger zur Verfügung. Dieser konnte am MH 6 Schiene oder MH 6 bis zu 12 t heben.

Diese Version war als MH 6 Schiene für den Einsatz im Gleisbau modifiziert. Mittlerweile waren natürlich Abstützungen vorhanden und die Arbeit war sicherer geworden.

Oben links: Der Schienenkran wurde hier zum Abstesten auf dem Dortmunder Gelände aufgebaut. Er kam auf rund 20 m Rollenhöhe. Die maximale Ausladung lag bei 17,5 m; dort konnte der Kran noch rund 1,1 t heben.

Oben rechts: Für den standardmäßigen MH 6 mit Kranausrüstung war sogar noch ein Spitzenausleger lieferbar. Ebenfalls in Dortmund wurde dieser Kran gerade mit Testgewichten abgetestet. Seine maximale Tragkraft lag bei 12 t und 3 m Ausladung.

Links: Wohl eher seltener war dieser Kastenausleger in Segmentbauweise. So konnte der Ausleger angepasst werden. Der Bagger steht hier ebenfalls auf dem Dortmunder Werksgelände.

Rechts: Hubeinsätze wurden danach zumeist durch den Mobilbagger selber und direkt am Tieflöffel durchgeführt. Über einen kleinen Haken konnten dann kleinere Lasten wie Betoneimer oder kleinere Verdichter sicher gehoben werden. Dieser MH 4 war im Sommer 1970 mit Arbeiten an einer Lärmschutzwand beschäftigt.

Unten links: Im Oktober 1974 wurde in Berlin an diesem Kanal gearbeitet. Der MH 6 war für den Aushub zuständig und ein O&K Seilkran M 4 übernahm die Hubarbeiten.

Unten rechts: In den 1960er- und 1970er-Jahren wurden Mobilbagger dann mit gestreckter Ausrüstung, langem Stiel und erhöhter Kabine für den Materialumschlag eingesetzt. Hier verläd der MH6 mit Holzgreifer Stämme in den Aufgabetrichter einer Sägerei. Aber auch auf Schrottplätzen kamen die Bagger aus Berlin oft zum Einsatz.

Quellen und Literatur

Soweit nicht anders gekennzeichnet, sind alle Fotos Werksaufnahmen der ehemaligen Orenstein & Koppel AG und Lübecker Maschinenbau Gesellschaft aus der Sammlung des Verfassers.

Diverse Darstellungen und Veröffentlichungen zur Geschichte des Unternehmens: ■ Die Orenstein & Koppel AG: Aus kleiner Maschinenfabrik mit Eisengießerei entsteht weltweite Werft-, Bagger- und Maschinebaugesellschaft, Ludwig Rasper 1975 ■ Das Werk Lübeck der Orenstein-Koppel und Lübecker Maschinenbau Aktiengesellschaft; Um das Werden der ältesten deutschen Baggerbauanstalt, Ludwig Rasper 1965 ■ 100 Jahre Orenstein & Koppel Werk Lübeck (Dr. Ing. A. Welte), Sonderdruck 1973 ■ 140 years LMG, Veröffentlichung der VOSTA LMG (April 2013) ■ Orenstein & Koppel Werk Lübeck 1965–1987 (Heinz-Herbert Cohrs) ■ O&K – eine Lübecker Werft von Rang stellt den Schiffsneubau ein (Schiffahrt International 6/87) ■ Orenstein & Koppel Werk Lübeck – Das Werftportrait (Hempel Information) ■ Bautenliste Schiffe und Schwimmbagger, Orenstein & Koppel AG ■ Referenzlisten zu Schiffen, Bordkranen, Schaufelradbaggern, Schwimmkranen der O&K Orenstein & Koppel AG und Lübecker Maschinenbau Gesellschaft ■ Diverse Informationen und Veröffentlichungen zur Historie der VOSTA LMG

Literatur: ■ Bachmann, Oliver; Cohrs, Heinz-Herbert; Whiteman, Tim; Wislicki, Alfred: Faszination Baumaschinen: Krantechnik von der Antike zur Neuzeit ■ Cohrs, Heinz-Herbert: Baumaschinen-Geschichte(n), O&K-Portrait ■ Cohrs, Heinz-Herbert: Faszination Baumaschinen: Erdbewegung durch fünf Jahrhunderte ■ Cohrs, Heinz-Herbert: Berühmte Baumaschinen ■ Durst, Walter; Vogt, Werner: Schaufelradbagger ■ Gebhardt, Wolfgang H.: FAUN – Giganten der Landstraße ■ Kleinebeckel, Arno: Unternehmen Braunkohle ■ O&K Contact; diverse Jahrgänge ■ O&K Echo; diverse Jahrgänge

Weitere Bücher unseres Verlages – eine Auswahl

374 Seiten, 850 Bilder, 28 x 21 cm
Festeinband, ISBN 9783861339403
EUR 49,90 Bestellnummer **940**

360 Seiten, 800 Bilder, 28 x 21 cm
Festeinband, ISBN 9783861339830
EUR 49,90 Bestellnummer **983**

340 Seiten, 1200 Bilder, 28 x 21 cm
Festeinband, ISBN 9783861337867
EUR 49,90 Bestellnummer **786**

168 Seiten, 440 Bilder, 28 x 21 cm
Festeinband, ISBN 9783861339489
EUR 29,90 Bestellnummer **948**

176 Seiten, 520 Bilder, 28 x 21 cm
Festeinband, ISBN 9783861339137
EUR 29,90 Bestellnummer **913**

176 Seiten, 480 Bilder, 28 x 21 cm
Festeinband, ISBN 9783861339120
EUR 29,90 Bestellnummer **912**

270 Seiten, 700 Bilder, 28 x 21 cm
Festeinband, ISBN 9783861339410
EUR 39,90 Bestellnummer **941**

136 Seiten, 340 Bilder, 28 x 21 cm
Festeinband, ISBN 9783861339816
EUR 29,90 Bestellnummer **981**

170 Seiten, 440 Bilder, 28 x 21 cm
Festeinband, ISBN 9783861339496
EUR 29,90 Bestellnummer **949**

170 Seiten, 420 Bilder, 28 x 21 cm
Festeinband, ISBN 9783861338406
EUR 29,90 Bestellnummer **840**

270 Seiten, 7650 Bilder, 28 x 21 cm
Festeinband, ISBN 9783861338857
EUR 39,90 Bestellnummer **885**

144 Seiten, 340 Bilder, 28 x 21 cm
Festeinband, ISBN 9783861338864
EUR 24,90 Bestellnummer **886**